犬の
ことば

日高敏隆

青土社

犬のことば　目次

1　動物をめぐるノート

動物の自意識　10
エコロジーにまつわること　14
虹は何色か　19
理論と応用　23
エポフィルス　28
推論の体系　33
選択と適応　37
イチジクとイチジクコバチ　42
死の発見　47
光の動物学　51
生物の性は何のためのものか　59

2　ぼくの動物誌

昼の蝶の存在について　70
ネコの時間　73
ハリネズミ　76
水槽のなかの子ネコ?　79
「賢いフクロウ」　82
ガガンボ　86
オタマジャクシはカエルの子　89
ウラギンシジミ・銀色の翅　92
ネコの家族関係　95
アメンボの物理学　98
雪　虫　101
チンパンジーの認識力　104
蝶の論理　107
ホタルの光　116

コオロギの歌　125
ゴキブリはなぜ嫌われるのか　134
ミツバチと色　144
アリたち　154
鰻屋の娘とその子たち　164
なぜ幻の動物か　168

3　犬のことば

……にとって　174
ライフか生命か　176
発展と展開の間　178
環　境　180
人と「動物」　182
蝶はひらひら飛ぶ　184

"fanglais" 186
語学の才能 188
犬のことば 190
あいさつ 192
キチョウの季節 194
前島先生の授業 196

4 近代科学をめぐって

ジャック・モノーの死 200
人間は動物プラス…… 204
本能代理としての文化 207
科学という共同幻想 210
ファーブル随想 213
『ソロモンの指環』に寄せて 218

創造の源泉としてのデタラメ　222
ロマンの氾濫　229

5　**その後のノートから**

高層ビルの林にすみつくチョウ　236
自然のバランスを教えるアメリカシロヒトリ　240
バーのショウジョウバエ　245
アオスジアゲハと軍拡競争　249
人間はなぜ争うのか——「攻撃性」再考　253
遺伝子のなわばり侵犯　259
女と男　263

あとがき　269

解説（竹内久美子）　275

犬のことば

1

動物をめぐるノート

動物の自意識

コウモリの超音波によるエコーロケーション（反響定位）の研究でよく知られた、アメリカのD・グリフィンが、The question of animal awareness (Rockfeller University Press, 1976) という本を書いている。動物が意識をもっているか、という問題を論じたもので、小著ながらなかなかおもしろい。

動物が自意識をもっているか、自分のやっていることを知っているか、心的経験とか主体的体験とかいうものをもっているか、という問題は、昔から人々の関心をひいていたのはもちろんであるが、ロイド・モルガンやオッカムのかみそり式の科学的思考のパラダイムからいえば、まともに議論されることはなかった、というよりむしろ、そのようなことを論じたり、口にのぼせたりすることは、タブーないしはそれに近いものであった。

グリフィンは、動物において論じていいものと、タブーとされているものを列挙している。興味のある方もおられると思うので、引用しておこう。この系列のはじめのほうは動物にそれを認めてもOKのもの、終わりのほうへいくに従ってタブーとなる。

パターン認識／神経的鋳型(Neural Template)／Sollwert／Search image／Affect／自発性／Expectancy／Covert verbal behavior／Internal image／概念／理解／意図／感情／Awareness／心的経験／心／思考／選択／自由意志／意識

彼のいいたいのは、動物におけるこのようなものの存在は、一部についてはもはや明らかであり、残りのもの、たとえばExpectancyなどについても、それを証明する手段がないから認めることはできないという一般の態度が、一見科学的を装いながらじつは不可知論にしかつながらないのだ、ということである。彼は、動物のawarenessを認めることにかなり積極的であるようにみえる。

言語についても彼は、人間の言語と動物の言語との間の差違は、しだいに狭まりつつあるとみなしている。有名なミツバチのダンス言語が、これまでいわれているように、花とかミツとか、太陽とかいう刺激に密着した固定的反応であるのではなく、かなりの可変性、恣意性をもつものであり、かつ、それによって仲間に花の位置を伝えるか伝えないかはそのときの情況次第というような面もある。これはコミュニケーションにおける「伝達の意志」とかかわる問題である。

動物の言語、ないし動物のコミュニケーションが人間のそれときわめて異なる点の一つは、動物が伝達の意志をもたないことにあるとされていた。けれど、チンパンジーを何頭かおりに入れておき、そのうちの一頭だけに食物をかくす場所を見せ、それから全部を自由にしてやると、食物のかくされた場所を知っている個体は、ときにはそれを仲間に教え、ときには教えない、ということを示した有名な実験がある。これなどは、明らかにチンパンジーが伝達の意志をもってコミュニケーションしている例である。

しかし、人間と動物を区別するという欲望がいかに根強いものであるかには、驚きいる他はない。チョムスキーは、人間の言語の文法が人種、文化にかかわらず、人間という種に遺伝的にそなわった特徴だと述べて、ローレンツをして、「チョムスキーは天才です」といわしめた。けれど、そのチョムスキーにしても、どうやら、言語は人間に固有のものであり、思考に裏付けられていない動物の「言語」は真の意味の言語ではまったくない、といいたげである。

動物に言語があってもなくても、ぼくは一向にかまわない。けれど、動物になんらかの思考、すくなくとも思考類似のものがあることはどうも否定できそうもないし、したがって、理解というものも存在していると思われる。思考、理解というのは、前にあげたグリフィンのリストではずっとあとのほう、つまりタブーに近いところに位置している。だから、軽々にこんなことをいってはいけないのかもしれないが、グリフィンと同じく、それを無視していることが科学的だとも思わない。

ケーラーの指摘したとおり、動物の思考が言語にむすびつかぬ形でなされている可能性もある。そうとすれば、言語にならぬものは思考ではないという、よくいわれる基準にてらしてそれは思考ではなくなるし、逆に、思考に裏付けられぬ言語は言語でないという論法によって、動物における言語の存在は完全に、合法的に抹殺される。けれど、こういうのは単なる疑似命題の遊びのようなものではないのだろうか。どう結論を出してみても、実態の把握にも理解にもつながらない。そして、それをやっている限り、人間は独自なものであるという安心感はゆらがない。いつもぼくがいっているとおり、人間が独自なのはネコが独自なのと等価であり、まったくそのとおりなのであるが、このステートメントはもちろんそういうことを述べているのではない。人間という動物という表現が、端的にそれを示している。いつになったら、人間はこの表現に違和感をおぼえるようになるのだろうか。

エコロジーにまつわること

一九七八年のフランスの総選挙は、当時世界の多くの関心を集めたが、それについての報道をちらちら見てみると、エコロジストなる一派があなどりがたい勢力となっていたらしい。エコロジーということばがアメリカで流行しはじめてからすでに久しく、日本にもさっそくその波が及んできて、エコロジーの名を口にする人は職業を問わずふえつつある。けれど、日本でエコロジストといえば、まだ純粋の生態学者、生態学の研究者のことであって、フランスにおけるような政治的色彩をもつ集団を指すことはない。それだけに、フランスでの「エコロジストの台頭」などという話が、なんとなくおもしろいのである。

そもそもエコロジーということばには、誤解やあいまいさが昔からつきまとっている。エコロジーなる語を作り、同時にこの名でよぶべき学問分野をはじめて規定したのは、ドイツの有名な生物学者、エルンスト・ヘッケルである。彼は生物学に多大の貢献もしたが、またいくつかの深刻な悪影響も残した。その一つは例の個体発生は系統発生をくりかえすという生物発生の根本則なるものを打立てたことであるが、エコロジーという分野を創設したことも、同じように奇妙な影響をあとに残す結果となった。

ヘッケルはエコロジーを、「生物とその環境の関係を研究する生理学の一分野」として定義した。その後のエコロジーの低迷は、どうもここらに原因があるらしい。いうまでもなく、生物は環境と切離しては存在しない。したがって、すべての生物学は生物とその環境の関係にかかわらざるをえない。それを、あたかもエコロジーだけの専売特許であるかのように定義してしまったものだから、なんとなくおかしいのである。

エコロジーは三好学によって「生態学」と訳された。三好氏の訳語にけちをつけるつもりはないが、このことばがきわめて便利できわめてあいまいな「生態」という捉えがたい概念とくっついてしまったのは、いかにも不幸なことであった。以来、日本の生態学者たちは、いわゆる「生態」と生態学はちがうのだ、生態学は近代科学なのだということを巷間の人々に示すために、必死の努力をつづけたのである。

ぼくはなまじ動物の行動などを研究しているので、何かというと生態学者にされてしまう。行動というのはいかにも「生態」であり、それを研究しているのだから、当然、生態学者のはしくれだろう、いや、そうだ、と思われるのであろう。けれどぼくは、生態学はまったく知らないし、もちろん生態学をやったこともぜんぜんないのである。

しかし、生態学とはいったいどのような学問なのだろう？　ヘッケルの定義が不十分なことは、すでに述べたとおりである。じつはこの問題は昔から議論されてきたことで、各人各様の理解があり、いまだに統一された結論には達していないらしい。ぼくは何度かそのような議論に加わり、あちこちでぼくなりの意見も述べてきたが、それはあくまでもぼくの見解にすぎないのである。いずれにせよ、今ここで生態学とはなにかという定義論をくりかえすつもりはない。

生態学の展開、あるいは発展の主流となってきたのは、エネルギー論的な問題である。すべての生物の存在の基盤となる太陽エネルギーの流入量は、この地域ではどれくらいか、その何パーセントが緑色植物に利用され、どれくらいの有機物に転化するか、植物体の有機物の何パーセントが草食動物の体を作る有機物に転化するか、生物体の有機物の何パーセントがくさって地中のバクテリアなどに利用され、最終的には大気循環の中へ戻ってゆくか、それらを総計すると、太陽エネルギーは地球上でどの生物をどのように通って流れてゆくか、生態学は何よりもこのことを中心課題にしてきたようにみえる。

生態学が近代生物学の形をとるためには、このことはさし迫った要請であったろう。これと並んで、動物の個体数のダイナミックスを扱う分野も、個体群生態学として大きく発展した。数々の数学モデルが提出され、それによって個体数の変動を説明し、予測することができるようになった。けれど、あえていうなら、これは所詮は数と量の問題であり、そしてどちらもエネルギーに還元しうるものであった。

しかし、近代生物学の流れは、むしろエネルギー論ではなかったのではなかろうか？　DNAに関わる諸研究は、エネルギーではなくて情報の重要性を強調するものであった。生理学においても、環境ないし生体内起原の情報をいかに処理しているかという研究が多い。その中で生態学は、いわばエネルギー論に専念して、情報の面をあまり重視してこなかったように思えるのである。そのためか、生態学の主要な成果といわれるものは、エネルギーの裏付けなしには生物は生存できないという自明のことを、いろいろな場合について確証するか、あるいは生物生産を確保・向上するにはどうしたらよいか、自然資源を保護するにはどうするかを示すものであった。それらはもちろん莫大なエネルギーをかけた調査研究を基礎として得られたものではあるが、その結論の含む意外性やヒューリスティックな驚きは、それほど大きいとはいえないような気がする。なぜそうなのか？　生態学というのは、もともとそういう分野なのだろうか？

ぼくにはそれに答える能力も資格もないけれども、このことと、生態学が情報の問題をあまり重要視してこなかったというさきほどから述べてきたこととは、けっして関係がないとは思えない。では、生態学に情報の面を大きくとりこむとしたらどうすればよいのか、それもぼくにはすくなくとも今は、はっきり答えることができない。

かつて川那部浩哉は、生態学と公害問題の関連について論じた。彼の議論はともかくとして、生態学が公害問題や資源問題、環境問題と密着していることは事実である。はじめ、生態学はこれらの問題に対処する上での救いの神のように受取られた。ついで人々は生態学にいくばくかの幻滅を味わうようになったのであろうか、いささかニュアンスのちがうエコロジーなることばが流行しはじめた。そしてこの線にのって、エコロジストたちが現われてきた。

フランスのエコロジストは、おそらくアメリカでコンサーヴェイショニストと呼ばれているものと同じであろう。なぜ、今、そうなるのか？　最近さかんになってきたソシオバイオロジーなる学問は、生態学に欠けてきた面を補って、何かをいおうとしているようにも思える。ただし、ほんとうにそうなのかどうか、ぼくはまだ確言する自信はない。いずれにせよ、ここには近代科学がそのもっとも不得手とする場面にまでそのパラダイムを適用していこうとしたことによる苦悩がにじみでているような気がする。

虹は何色か

「虹の色はいくつあるか?」先日、ふとこんなことをあるアメリカ人にたずねてみた。答は意外だった。彼は即座に「六つ」と答えたのである。「六つ?」「そうでしょう。だって、レッド、オレンジ、イエロー、グリーン、ブルー、ヴァイオレット。これで六つじゃないですか。」「そんなことはない。虹は七色っていうでしょう。七つですよ。」「じゃあ何が加わるんです?」「ブルーの次にインディゴ(あい)があるでしょう。ブルー、インディゴ、ヴァイオレットですよ。」

ぼくはこれで彼がうなずくと思った。ところがそうはいかなかった。彼はインディゴはブルーの一種だといってきかなかったのである。

これはおもしろいと思って、今度はフレミッシュ系のベルギー人に、同じことをきいてみた。その人はたいへんインテレクチュアルな人で、彼と話していたら飽きることがなかった。ところがまたまた意外なことに、彼は虹は五色だと答えたのである。「ロート、オランへ、ヘルプ、フルーン、ブラーウ。この五つですよ。」珍しく彼は母国語のオランダ語で答えたが、要するに、赤、橙、黄、緑、青の五つしか数えなかったのだ。「日本ではその先にインディホ（あい）とフィオレット（すみれ色）がありますよ」といったら、一応なるほどという顔はした。けれど彼は、「インディホもフィオレットも、要するに濃いブラーウにすぎませんね」と主張して、五色説をまげなかった。

そもそも虹の色などというものは連続しているのだから、どこで区切ろうと勝手なのだ。けれど、日本では七色の虹がアメリカでは六色になり、ベルギーでは五色になってしまうのは、たいへんおもしろかった。

「日本語の表現は世界一こまやかだ」という話を、今でもよく耳にする。これがばかげた俗説にすぎないのは当然だが、フランス人がフランス語について同じようなことを得意気にいうのを聞いていると、人間とはなんとものわかりの悪い動物なのかと、あらためて感心してしまう。自分のもっている概念の枠の中でしか物は見えないのだということを、すぐ忘れてしまうからである。

ぼくは商売柄、モンシロチョウのアオムシなどを大量に飼うことがある。たいていは直径一五センチ、深さ四センチほどの丸いガラスの容器に虫と餌の葉っぱを入れ、竹製の丸い枠に目の細かい金網を張った、網蓋をかぶせて飼う。

使っている網蓋が古くなってきたので、大学の事務を通して新しい網蓋を一〇〇個ほど注文した。「業者にきいてみたら、これは特注になるので、すこし時間がかかるそうです」、という事務の人の話だった。「かまいません。そんなに急ぐわけじゃないから……」といって、まあいずれもってくるだろうと思っていた。

ところが、時間は「すこし」どころでなく、何ヵ月もかかった。毎日の飼育にはまだべつに支障はなかったので、そのうちぼくは網蓋を注文したことをきれいに忘れてしまった。

もう冬になったころ、事務から電話がかかってきた。「先生の注文された篩《ふるい》がたくさん届いています。」「篩？ ぼくはそんなものたのまなかったよ。土壌学研究室のじゃないの？」「いや、ちゃんと生物、日高先生と書いてあります。」

ぼくにはぜんぜん理解できなかった。ぼくのしごとでは篩など使うことはない。「そういえば、ずっと前に網蓋をたのんだことはあるけど……。」「いや、これは篩ですねえ。」「おかしいなあ。」電話での問答はかれこれ五分もつづいたろうか。「すみませんけど、とにかくきて下さい」というので、ぼくは事務室へいった。「なんだ、これは網蓋じゃないか。」「え、これ篩じゃないんですか？」双方とも、そのものを頭の中でひっくり返してみることができなかったのだ。

野外からとってきたアゲハチョウの幼虫には、しばしば寄生バエがついている。寄生バエの親がアゲハチョウの幼虫をみつけて、その体の表面に卵を産みつける。アゲハの幼虫の体表にぺたりと貼りついた卵からかえったハエのウジは、アゲハの幼虫の皮膚にごく小さい穴をあけて体内にもぐりこみ、幼虫の体を内部から食ってゆく。そしてアゲハの幼虫がサナギになると、ハエのウジはサナギの中身をほとんど食いつくし、ふたたび皮膚に、ただし今度は大きな穴をあけて外へ這いだし、まもなく自分もサナギになる。何日かすると、このサナギからハエがでてくる。

ある研究に使うために、アゲハチョウの幼虫を野外でたくさん集め、それを飼育したことがある。幼虫が育ってサナギになったら、それを大きなガラスびんの中へ移した。アゲハのサナギがびんの半分ぐらいまでたまったころ、アゲハの幼虫に寄生していたハエが、アゲハのサナギから出てサナギになり、そのハエのサナギからハエが出はじめた。そこで、I君がひょっこりぼくの部屋を訪れてきたとき、びんの中には数ひきの寄生バエが飛びまわっていた。

「その大きなびんの中はなんですか?」「これ? これはアゲハのサナギだよ。ちょっとホルモンのことをやってみようと思って、ためてあるんだ。」「どんな実験を考えてるんですか?」「ホルモンの抽出物を作って、このサナギに注射してみようと思ってる。」「おもしろそうですね。でもハエが入ってますね。」「いやあれは出たんだよ。」I君の示した極度の困惑の表情が、いまだに忘れられない。

人間以外のたいていの動物では、幸せなことに、この手のことはほとんどおこっていないようにみえる。それは彼らが世界を概念で切ったりしないからではない。どの動物も世界を何らかの概念で切って見ている。けれどその切りかたは、同じ種の個体ならみなほとんど同じなのであろう。ただし、雄と雌の間でも切りかたにちがいがないかどうか、あまり明らかにはされていない。

理論と応用

チンパンジーは語る、というたぐいの本が、このところあいついで出版されている。読んでみると、やはりなかなかおもしろい。

とにかくチンパンジーは人間にきわめて近い類人猿である。ただし、ゴリラも人間とはなはだよく似た面をもっていて、ゴリラとチンパンジーのどちらがより人間に近いかという、かなりくだらない論議がさかんだったこともある。そのとき、アメリカがもっぱらチンパンジー派だったのに対し、ソ連がゴリラ派だったのは、なんともいえずこっけいであった。

そうなるとわれわれ東洋人は、やはり東洋の類人猿であるオランウータンを推さねばならないのかもしれない。オランウータンはどうみてもチンパンジーほど賢こそうにはみえないが、オランウータンにはオランウータンなりの世界があるのだろうから、あながちあたまから過小評価してしまうわけにもいくまい。こんな話がある。チンパンジーとオランウータンにかなりむずかしい問題を解かしてみたら、どちらも三〇分かかって解いた。ただし、チンパンジーはその三〇分間、ゴソゴソゴソゴソ動きまわり、せわしなくいろいろなことを試みたあげくに解いたのだが、オランウータンはじっと坐ったまま沈思黙考（？）を続け、三〇分後、やおら立上っていきなり解いたという。これはもちろん作り話だろう。

いずれにせよ、類人猿がそのような存在である以上、彼らの言語能力は気になるわけである。かつてのヘイズ夫妻以来、チンパンジーに人間の言語を教えて彼らの抽象言語能力を知ろうとする試みが、執拗につづけられた。

ヘイズ夫妻の試みは失敗に終わった。チンパンジーのヴィッキーは、長い訓練ののちに、やっとママ、パパ、カップの三語をおぼえたにすぎなかった。しかも人々を大いに安心（？）させたのは、ウォーターのかわりとして（なぜならウォーターという単語はチンパンジーが発音するにはむずかしすぎると思われたので）教えられたカップという語を、ヴィッキーは「水がのみたい」という意志表示のみに使い、けっしてそれで「水」そのものを指すことがなかった、という事実であった。やはりチンパンジーは人間とちがって、抽象的な意味で言語を用いることはできないのだ、という結論が広く認められるに至った。

しかし、その後多くの実験が次々に試みられ、次々に話題を呼んだ。ガードナー夫妻による手話の教育、プリマック夫妻によるチップを用いた（つまり書かれた文の）訓練、ランバウによるコンピューターで語を合成する実験がそれである。これらの実験は、いずれも人間の言語、それも英語という一つの特殊的な言語をチンパンジーに教え、その結果からチンパンジーの抽象能力、文法能力を推しはかるという、動物学者からみればきわめて理解しがたく、ナンセンスにも近い方法を用いているとはいうものの、チンパンジーのもつ知的能力がなみなみなものではないことを示してくれた。しかし、チンパンジーが彼ら自身の世界の中で、どのような抽象概念を用い、どのような哲学（?）や世界観をもっているかということは、このような実験からではわかるまい。

ぼくにとっておもしろかったのは、動物学者たちのこのような批判に対して、ランバウが答えたことである。すなわち彼は、この実験は人間の言語障害者を治療する方法の研究の一環なのだというのである。

ランバウの真の目的が、チンパンジーの言語能力を知ることにあったのか、それともほんとうに彼がいったとおり治療方法の開発にあったのか、ぼくにはわからない。けれど、純粋に理論的なものの解明を目指しておこなわれている研究を、応用的に役立つ研究の一環であるとか、基礎であると称することがよくある。そのほうが研究費をとりやすいし、また一般の受けもよくなるからである。

かつて、あるイギリス人の書いたものの中に、「まったく無用と思われた科学的発見や研究も、結局は必ず役に立つものだ。そのよい例はヘルツ波の発見である。」と述べられているのをみて、じつにイギリス人らしいプフグマティズムだなと感心した。ヘルツ波とは、のちのラジオ波のことである。

けれど中国では、どうもこれとはちがったタイプのことがおこなわれてきたようである。

先日、京都日中学術交流懇談会の席で、中国の地震予知の映画を見た。ご存じの方も多いと思うが、これは海城の大地震を例の大衆的な測定や情報もとりいれてみごとに予知したときの記録である。映画は地震の一年前からはじまる。次々と集積されるデータを検討して、順次、予知情報が出される。最後には、地震はもう間近いとあって、建物の補強、避難小屋の建設、食料や危険物の移動、救急用の担架や薬品の準備などが急テンポで進められる。地震の約一時間前、臨震予報とともに、住民は安全な場所に避難して「地震を待った」。ある地区ではその間に映画を上映した。四本用意されたフィルムの二本目をうつしている最中に地震がおこったという。映画には地震の到来とともにくずれおちる塔や、大地を割いてゆく地割れの発生が記録されていた。

日本の地震学はたいへん進んでいて、理論的な面では中国をはるかに抜いている。しかし、地震予知という方向での動きが公けになったのは最近のことで、中国での成功に刺激された結果である。といっても、ぼくは日本の地震学者を責めているのではない。このすさまじい地震国日本では、地震の予知は至難のことだろうと思う。

ぼくがおもしろいと感じるのは、中国ではいつも科学的なものごとがこのような形で進んできたらしいことである。地震を予知するには、地震学的な知識や理論が確立していなくてはならない。けれど中国では、まずそれらを確立したのちにそれを予知に応用するのではなくて、地震の予知の方法という現実的なものを完成させる形において知識や理論を作りあげているようにみえる。

中国は古代から数々の発明をなしとげてきているが、西欧科学にみられるような何々の法則、何々の式とかいったものはほとんどない。そのため、中国には科学はないとまでいわれてきた。しかし、たとえば紙を発明するにせよ、火薬を発明するにせよ、それが何の知識も理論もなしに可能なはずはない。

イギリスのジョセフ・ニーダムがその大著「中国の科学と文明」(邦訳は思索社刊)で述べているように、中国は科学を技術という形で作りあげてきたのである。ぼくはこれこそが正しい道だなどというつもりはないけれども、一つのやりかたとしてじつに興味ふかいものを感じるのである。

エポフィルス

夏の海辺に立って、岩に打寄せる波を見ていると、いつも思いだす虫がいる。フランス北部の大西洋岸に住むエポフィルスという昆虫である。

昆虫にはむやみやたらと種類が多く、全動物の種類の四分の三は昆虫であろうといわれている。なにがゆえにそれほど多くのヴァライティが生じたのか、また生じなければならなかったのかわからないが、とにかくわずかずつながらも画然と区別できる特徴をもった種類が、世界に七、八〇万から一〇〇万はいると考えられている。

これだけたくさんの種があるからには、その生活も千差万別（この千差万別ということば自体が、自然の多様性に対する人間の感受性の限界を示している。忠実にいうなら、十万差百万別というべきなのである）で、地上のありとあらゆるところから洞窟の中、さらに科学博物館の上野俊一氏が強調しているように、われわれの手のとどかぬ大地の割れ目の奥深くにまで、何らかの昆虫が住んでいる。昆虫は、はじめは陸上動物として作られたと考えられるのだが、たちまちにして淡水中にも進出し、池、川、湖、山間の渓流から氷河直下の流れにまで、昆虫がみられる。ただふしぎなことに、地球表面の三分の二を占める海には、昆虫はほとんど進出できなかったのである。

そんなわけで、ぼくは海にいったら、もはや昆虫の姿を期待することはなかった。波しぶきのかかる海辺には昆虫はほとんど住んでいないし、まして海の上へ出てしまったら、ウミユスリカとよばれる小さなハエや、ウミアメンボというアメンボの仲間以外には、そこを本来の住み家とする昆虫はいないからである。

けれど、当時パリ大学の教授をしていたボードワン氏に連れられて歩いたブルターニュからラ・ロシェルへの旅は、ぼくに心底からショックを与えた。

干いてゆく潮を追うようにして、海辺から磯の上を沖へむかって歩いてゆく。岩の上にはヒバマタという、コンブを小さくしたような海藻が、びっしりと生えていて、強い日射しに、はや乾きはじめている。カニや潮だまりにとりのこされた小魚がいるが、そんなものは目ではない。ボードワン氏は長さ一メートルほどの鉄のレバーをさげて、どんどん沖へ歩いてゆく。

このあたりは干満の差がはげしく、大潮のときはゆうに二〇メートルに達する。それを利用して、フランスお得意の潮汐発電所がいくつも作られているくらいで、干潮時には海は岸から二、三キロメートルの彼方へ遠のいてしまう。ぼくらはいつもその果てまで歩いていったのである。

いよいよ干潮線に到達して、その岩の先に海があるというところで、ボードワン氏はやっと歩みを止める。そして、やおらレバーをもちなおすと、岩の割れ目にそれをさしこみ、彼一流の気張った顔で、岩を割る。層になった石灰岩性の岩は、成層面で案外あっさりとはがれてくる。ぼくは吸虫管を口にくわえて、割れた岩にとびつくのである。

意外なことに、成層面は完全に乾いている。そしてそこを何びきかの小さな褐色の昆虫が走りまわっている。エポフィルスだ！　カメムシやナンキンムシに近い仲間であるこの虫は、れっきとした陸上性の昆虫で、空気を呼吸している。彼らは潮が満ちてくると、こういう岩の割れ目に逃げこむ。割れ目の口が下を向いているので、海水は入ってこない。エポフィルスはゆうゆうと空気を呼吸しながら、海面下一五メートル、二〇メートルの水底で、次の干潮を待つのである。

潮が干くと、彼らは割れ目からはいだし、海底を歩きまわって、食物を探す。彼らが何を食べているのかはっきりしないが、おそらくは海の動物にするどい口吻を突きさし、ナンキンムシがするようにその血を吸っているのだろう。見まわすと、そこらにはもう歩きまわっているエポフィルスの姿が、あちこちに見られた。それとともに、これもやはり昆虫であるトビムシが、そこらじゅうでピンピンはねまわっていた。その数は、何千か知れなかった。

干満の差がはげしいこの地方では、いったん潮が満ちはじめたら、おそろしく早い。まるで川のようないきおいで水が流れこんでくる。干潮線すれすれのところにあまり長居をすることは危険である。ボードワン氏とぼくは、小一時間もしたら退散にかかる。

ふたたび磯の上を二、三キロ、今度はすこしゆとりをもって、いろいろなものを見たり、しらべたりしながら、岸へむかう。岸も近くなったころ、はや潮があがってくる。エポフィルスのいたあたりは、もう完全に水に没している。彼らは無事、岩の割れ目にもぐりこんだであろうか？

潮がすっかり満ちたとき、彼らの住みかがどのあたりであったのか、もはやさだかではない。そこらは一面の海になっていて、漁船がいきかっている。けれど、あのあたり、あの船の走っているあたりの、二〇メートルの海底には、さっきこの目でしかと見た昆虫エポフィルスが生きているのだ。そのことをぼくは自分に何度もいいきかせた。さもなければ、それは信じがたい夢のように思われたからである。

エポフィルスがなぜそんなところに住むようになったのか、だれにもわからない。とにかく、海辺近くにはほとんど住まず、干潮線ぎりぎりのところにしかいないのである。しかも、うまく下向きに開いた割れ目のある岩がなければ、彼らは生きてゆかれない。去年、ファーブル展のときに来日したパリの自然誌博物館のカレイヨン氏によると、エポフィルスはフランスの大西洋岸と日本とだけにいるという。日本のどこにいるかは彼もはっきり知らないらしかったが、もしそうだとすると、なぜ、そんなに離れたところに同じような虫がいるのだろう？

昆虫やその他の動物のこういう分布の問題や、その種の起原、そしてそれぞれの生活様式の起原の問題は、つねにわれわれの興味をそそる。しかも、その答えはつねに仮説的なものでしかありえない。いちばん容易な答えは、何かある原型を仮定して、それからの由来を論ずることである。けれど、エポフィルスの場合は、あまりにもかけはなれている。

いずれにせよ、一つのものの起原を知ることがほんとうに可能なのかどうか、ぼくにはよくわからない。

推論の体系

暗黒の深海にはさまざまな発光魚がいて、美しいあるいは妖しい光を放ち、相互のコミュニケーションをしたり、あるいは獲物をおびきよせていることは、よく知られている。ところが、比較的浅い海に住み、明るい昼間だけ発光するとしか考えられない魚のいることがわかった。明るいところで発光して、何の意味があるのだろうか？　この問題についてのアメリカのある研究者の論文が、かつてアメリカの専門的科学誌である Science にのっていた。それはいろいろな意味で興味ふかいものだった。

その研究者は、この魚の発光は counter-lighting の意味をもつ保護色的なものではないかというう、まったく新奇な発想をした。つまり、魚がどんなに保護色をしていようと、隠蔽的な姿をしていようと、泳いでいるとき、下方にいる敵に、明るい水面を背景にして見上げられたら、その存在がくっきりとわかってしまう。これに対処するためには、同じ明るさの光を下向きに発するほかはない。この魚はそれをやっているのだろうというのである。

そこで彼は、この奇抜な発想の検証をはじめた。発光がそのような機能をもつためには、光は下向きに出されなくてはならない。そして、まわりの明るさに応じて、自分の出す光の強さがそれと同じようになるように調節することができなくてはならない。これを満たす構造やしくみがこの魚にはそなわっているかどうか？

まず発光器である。この魚の発光器については、すでに日本の羽根田弥太博士によって詳細にしらべられていた。それはうきぶくろの入口にあって、中に無数の発光細菌がおり、これが発光する。その光はうきぶくろの本体のほうへ放射されるが、うきぶくろの背側の天井はグアニンの層で裏打ちされていて鏡のようになっているので、光は効率よく反射されて、下方へ向かう。腹側の筋肉はほとんど無色透明なので、光は真下へ向かって投射されることになる。一方、発光器の出口には一種のシャッターがあって、常時発光しつづけている発光細菌の光を、遮断したり、適当に減光したりすることができるようになっている。

次に彼は、魚を暗黒の中におき、いろいろな強さの光で照らしてみた。照らしているときに、はたして魚が光っているかどうかはわからない。けれど、照射をやめて暗黒にもどしても、一秒ぐらいの間は魚は光っていることがわかった。それから、魚はあわてて光を消すのである。これは魚が明るい間はずっと光っていたことの証拠であると、彼は考えた。魚の出すこの光の強さを測定してみると、それは彼が照射した光の強さときわめてよく一致していることもわかった。強い光で照らせば、魚もそれに応じた強さの光を出す。

これで彼は、この魚が counter-lighting としての発光をおこなっていることはまちがいないと結論している。だがおもしろいのはその先である。彼はつづけてこう書いているのだ――「ただし、この結論に対する深刻な反論は、この魚がどうやら完全な底魚であって、けっして水層中へ泳ぎでることがないらしいということである。」

最初の発想がどこからきたか、論文には理論的にしか書いてない。ぼくらはそれがおそらくあとからつけた理屈だろうということを知っている。発想はおそらく非論理的に、忽然として生まれたものに相違ない。これは当然な話であって、これでよい。

次の検証の部分で、彼はアメリカの発達した測定機器を駆使して、まったく「科学的」にしごとを進めている。これも科学者につねにいやというほど要求されていることなので、そのみごとさに脱帽したいくらいである。

問題は最後のつけたしである。もしこの魚が完全な底魚であったら、彼の推論は意味を失う。日本の学術誌にこの論文を投稿したら、おそらくリジェクトされるにちがいない。では、なぜ Science 誌はこの論文をアクセプトしたのか？ それはおそらく、counter-lightingという発想を買ったためだろう。今後ぼくらがほかの動物でこのような事象を完全に証明したとしても、それはこのアメリカ人の提出した counter-lighting というアイデアの実証にすぎないのである。

しかし今一度ひるがえって、もしぼくがこれと同じ研究をして、同じような論文を書き、Science誌に投稿したらどうだったかと考えてみると、はたしてアクセプトされたかどうかきわめて疑問なのである。つまり、西欧人はぼくらからみたらあまり根拠もデータもないと思われるのに相当に大胆な推論をし、それがまかり通ってゆく。そこで同じことをぼくらがやると、その推論は根拠不十分として拒絶されてしまうのだ。推論の体系自体に、何かちがいがあるように思えてしかたがない。

選択と適応

昔、大学闘争が一応の収拾をみたころ、ある大学の教養部の自主ゼミを担当したことがある。自主ゼミを担当するというのはいささか奇妙ではあるが、それは「自主」ゼミとしてはじまったものが、学生の要求によって「公認」され、単位も与えられることになったからである。

そのゼミはたしか野外生物学実習とかいう名前だった。野外へでかけていって、生物とくに昆虫の生活を観察し、いろいろな視点を得ようというのである。ところが、それがなんと冬のさ中の十二月に始まるのだ。十一月までならまだなんとかなるのだが、十二月になってしまうと、関東地方ではほとんどすべての昆虫は、いわゆる冬眠に入ってしまっていて、活動しているものはごくごくわずかしかいない。これでは野外を歩いてみても、あまり気勢も効果もあがらない。

けれど事務局といくら話してみても、まったくらちがあかなかった。「今は教務事務上は夏学期ということになっているんです。そのつもりでやって下さいませんか?」「それは無理ですよ」「そこをなんとかして下さい。」「もうすこしあとにしてもらえませんか?」「いや、とにかく今が夏学期なんです、あとにのばすと冬学期に入ってしまって、名目上ますますおかしくなります。」「どうして?」「だって、冬に野外生物学実習というのは変でしょう。」どなたにも経験のあるだろう論破しがたい名目論一点張りであった。ぼくは諦めて、真冬の山へ学生を連れていった。

とはいえ、真冬に昆虫がまったく見られないわけではない。いくつかの昆虫は、冬であることなど何ら気にもしていないように、元気で走りまわっている。

その一つは、チビシデムシという甲虫である。この虫を知っている人はほとんどいないが、山の中なら、どこにでもたくさんいるし、種類も多い。小鳥などが死んで、しばらくすると、どこからともなくこの虫が集まってくる。卵円形をしたこの甲虫は、長さ五ミリくらい。体じゅうに絹のような毛が生えていて、柔らかい感じがする。この毛のおかげでチビシデムシは、腐りかけた動物の死体の中や下へもぐりこんでも、体表をいつもきれいに保っていることができる。けれどこのことをそういう汚いところに生活する虫の適応なのだと説明してしまうわけにはいかない。同じ生活をしているシデムシやヒラタシデムシという近縁の仲間の体には、毛がまったく生えておらず、いつも汚物がべったりくっついていて、たいへん不潔なのに、それによって困っている様子はみられないからである。

チビシデムシは、適当な動物の死体さえみつかれば、真冬でも卵を産む。まもなく小さな幼虫がかえり、育ってゆく。彼らには冬はないわけである。

チビシデムシと並んで、冬にも平気で活動し繁殖するのは、ある種のオオキノコムシである。これもまた小さな甲虫で、卵円形の体をしており、かたい翅はピカピカと美しく光っている。オオキノコムシはその名のとおり、キノコを食物とする。ただし、キノコといっても、われわれが食べるマツタケやシイタケのようにキノコらしいキノコではなくて、枯木に生えるかさかさしたハラタケやサルノコシカケの仲間のキノコを食べるのである。

冬、寒い山を歩いていると、一面葉の落ちた雑木の中に、枯木が傾いている。その枝にこういうキノコが列生していたら、ぼくは必ず近よってみる。キノコの傘の上にこまかい粉のようなものが落ちていたら、その裏側をのぞく、すると、傘のうらにキノコムシがみつかる。親とともに、幼虫がキノコの中にもぐりこんでいる。白い粉は、この幼虫の糞なのである。昆虫には珍しく、親子が共存しながら、オオキノコムシは寒さにもめげず、冬を生きている。

ユキムシという奇妙な虫もいる。正式の名前はセッケイカワゲラという。夏、高山の雪渓の上を歩きまわっている、まっ黒で細長い虫である。けれどこの虫は、平地の真冬の雪の上にも、集団をなしてあらわれる。二月のシベリヤの雪原に、忽然とこの虫の大群が姿をあらわし、また忽然と消えてしまうこともあるそうだ。ぼくはかつて、秋田県大館の米代川にかかっている橋の上で、雪の上に点々とうごめくこの虫をみつけて、感動したことがある。

ふしぎなことに、この虫の「前歴」はほとんどわかっていない。卵はいつどこに産まれるのか、幼虫はどこで育つのか？　そして、なぜ物好きにもそのような寒い時期をえらんで親が姿をあらわすのか？

いずれにせよ、真冬に活動する虫が意外にすくなくないことはたしかである。他の虫は、冬の寒さを逃れて冬眠する。昆虫たちの冬眠は、クマの冬眠などとはちがって、きわめて内因性の強いものであることが知られている。つまり、秋の短い日長によって、冬眠すると決定されると、体の生理的過程はすべてその方向へスイッチされる。そして一たんそのようなスイッチが入ってしまうと、体内の過程はすべて「休眠」という形で進行する。カイコの卵で知られているように、休眠に入ると卵内のグリコーゲンは分解して、ある種のアルコールとグリセリンになってしまい、もはや栄養源、エネルギー源としては使えない。したがってこの状態で暖かさがもどってきても、卵は発育することはできない。

逆説的なことに、卵がふたたび発育可能になるためには、寒さを経過することが必要である。一ヵ月、二ヵ月と寒さを経ているうちに、一度分解してしまったグリコーゲンがまた再合成されてくる。三ヵ月もすると、グリコーゲンのレベルはもとへ戻る。そこへ暖かさがくれば、卵は孵化することができる。多くの昆虫では、たいていはこれに類した過程がみられるので、冬の寒さは昆虫にとって不可欠なものなのである。

けれど、それらと並んで、今ここにあげたような昆虫もいる。同じ昆虫でありながら、片方には休眠している虫もあり、他方には平気で活動し、卵を産み、幼虫が育っている虫もいるのだ。適応といえば、それぞれが適応である。敵のすくない冬のほうが生活しやすいのだという説明も成立つ。しかし、冬は食物がすくないから、鳥は必死でえさを探す、ということもいえる。

要するに、ことは選択の問題である。

イチジクとイチジクコバチ

イチジクは漢字で無花果と書く。花が咲かないで実ができるからだ。けれどもちろんこれはうそで、ほんとうはあの実のようなものの中に花が咲き、授粉もちゃんとおこなわれているのである。だが、その授粉の方法たるや、ちょっと想像を絶するものなのだ。つまり、イチジクという植物の授粉は、イチジクコバチというまさにイチジクの授粉をするためにだけ存在しているに等しい、特殊なハチによってなされるのである。

一口にイチジクといっても、われわれが食用にしているほんとうのイチジクから、ぜんぜん食用にならない、イヌビワとかアコウとかいう種類まで含めた広義のイチジク類は、世界に約六〇〇種ほどある。そして、それらの一つ一つが、それぞれべつの種のイチジクコバチと固いむすびつきをもっていて、そのハチなしには、果実も種子も作ることはできないのである。

授粉がどのようにしておこるか、すこし具体的に述べてみよう。かなり複雑怪奇な話なので、うまく説明できるかどうか心配だが……

まず、雌雄同株のイチジクの場合である。雌雄同株というのは、一本の木についた小さな実（ほんとはつぼみというべきか）の中に、雌花も雄花もつくということだ。イチジクの仲間は南方系の植物なので、一年中、つぎつぎと若い実をつける。球形のつぼみの内側には、たくさんの雄花、雌花のつぼみがついている。「実」がすこし大きくなると、その中でまず雌花が咲く。ちょうどそのころ、「実」のてっぺんに小さな穴が開く。

すると、花粉をいっぱいつけたイチジクコバチの雌が飛んできて（どこから飛んでくるかは、まもなく述べる）、この穴から中へ入りこむ。一、二ヒキのハチが入ると、穴は再び閉じてしまう。ハチは閉じこめられたことなど気にすることなく、雌花の上を歩きながら授粉してゆくとともに、めしべの先から長い産卵管を突きさして、子房に卵をうんでまわる。

こうして、雌花は授粉されて発育しはじめ、種子がみのってゆく（イチジクを食べると、中にプチプチしたこまかな粒が入っているが、あれが種子である）が、ハチの卵をうみつけられた雌花の子房は、大きくふくれてゴール（虫こぶ）を形成する。そして、ハチの幼虫は、このゴールの中身を食物として成長してゆく（したがって、ゴールになった雌花には種子はできない）。

やがてハチの幼虫はゴールの中でサナギになり、つづいて雄、雌の親バチとなるが、雄バチは目もなく、翅もない。そして、雌より先にゴールをかみ破って「実」の内部の空所へ出、雌バチの入ったゴールを探す。みつけると、外からそれに穴をあけ、まだ中に丸まって入っている雌に向かって細長い腹を伸ばして交尾する。大部分の雌が交尾したころ、雄は日の目も見ずに死んでしまう。

そのうちに、「実」のてっぺんあたりに裂け目ができる。おそらくは、それによって「実」の内部の二酸化炭素濃度が低下するためであろう、雌は急に活動を始め、ぞくぞくとゴールから這いだしてくる。

ちょうどそのころ、雄花が開く。雌バチは雄花の花粉をかきあつめ、自分の体にそなわった花粉バスケットにそれを満載して、「実」の裂け目から外へでる。そして、近くについているまだ若い「実」を探す。ちょうど穴があいている「実」をみつけたら、その中へもぐりこむ。前に述べたとおり、このような「実」の中では、そのとき雌花が咲いているのである。こうしてサイクルがくりかえす。

けれど、イチジクの仲間には、雌雄異株の種類もある。ただし、たとえばイチョウが雌雄異株であるのとはすこしちがって、このようなイチジクでは雌雄どちらの株にも雌花が咲く。だが、雌株には雌花しかつかないのに対して、「雄」株には雌花とともに雄花もつくのである。

こういう種類のイチジクでは、話はますますややこしい。雄株に入ったイチジクコバチ（当然ながら、前に述べたのとはちがう種類である）の雌は、前に述べたのと同様、雌花に授粉し、そのすべてに卵をうみつける。したがって、雄株についた「実」の雌花は、すべてゴールを形成してハチの幼虫の食物となってしまい、種子を生じない。

ハチの幼虫が育ちきって親バチになると、雄は雌と交尾してまわる。このハチの雄にも、目や翅はない。交尾がおわれば「実」の中で死んでしまう。やがて雄花が咲き、雌はその花粉を身につけて、「実」から飛び出す。

今度は雌バチの行先は二つある。一つは雄株の若い「実」であり、もう一つは雌株の若い「実」である。前者へ入ったものについては、今述べたプロセスがくり返えす。一方、雌株の若い実へ入った雌バチは、中に咲いている雌花の上を歩きまわり、授粉してやるが、ついに卵をうむことなく死んでしまう。雌株の雌花のめしべはたいへん長く、ハチが産卵管を突きさしても、めざす子房にとどかないので、ハチは産卵をあきらめてしまうからである。

こうして、雌株の雌花はみのり、種子をつける。種子の成熟にともなって、「実」は大きくなってゆき、ほんとうの実になる。熟して地上に落ちた実からは種子がこぼれ、いずれイチジクの芽が生えてくる。

イチジクの「実」の中でおこるドラマは、じつはもっと複雑であって、こうして苦労して生きているイチジクコバチに寄生するまたべつのハチさえいるのである。

われわれが現在食べているイチジクは、受粉しないで実が熟する品種なので、もはやイチジクコバチのお世話になっていない。けれど、野生のイチジクや、始めに名をあげたイヌビワ、アコウその他のようなイチジクの仲間は、今なおこれらのコバチと固い共生関係にある。そして、イチジクにはイチジクコバチ、イヌビワにはイヌビワコバチ、アコウには何々コバチ、ガジュマルには何々コバチというように、一つ一つの植物に一つないし複数のコバチがむすびついている。

イチジクとイチジクコバチのこの話は、ぼくはずっと昔から耳にしていた。けれど、昨年沖縄にいって、琉大の東清二先生から実際のイヌビワを見せられたとき、ほんとうに感動した。その感動は、寄生性コバチの研究のかたわら、イヌビワコバチについてもしらべている吉田幸恵さんとイヌビワやアコウの実を割ってみているうちに、まさに驚きにかわってきた。

イチジクとイチジクコバチは、いわゆる「共進化（co-evolution）」の典型の一つである。雌花・雄花の開花とハチの幼虫の発育のタイミング、めしべの長さ、ハチの体の構造、雌雄異株の場合の植物の分散の度合とハチの飛翔力、その他もろもろのことが、すべて整合性をもっていなくてはならない。そしてさらに、雌雄異株のイチジクの場合、イチジクの雄株の雌花はひたすらハチを育てるためにあり、雌株の「実」に入ったハチは、ひたすらイチジクの種子を育てるためにだけ働らくのである。こういうことを納得ゆくように説明するのは、じつに至難のことのように思われる。

死の発見

死は生の終わりであると一般にはうけとられている。生そのものを意識していない(であろう)いわゆる動物は、死の存在も知らない。人間のみが死を「発見」し、それゆえに死について悩み、思いめぐらし、雑誌の特集も組む。死の発見こそ、人間の成しとげたことのうちで、もっとも偉大なことであったかも知れない。

死は本質的には生物においてのみ存在する。社会や文明の死は、それからの比喩にすぎない。けれど、生物においても、死は必ずしも生の終わりではないのである。

何気なく眺めている景色の中を、一ピキのチョウがヒラヒラと飛んでゆく。それは平和な光景であり、またある見方をすれば、生の楽しげな表現である。だが、次の瞬間、チョウはクモの網にとらえられる。即座にクモがおどりでてきて、あっというまにチョウには死が訪れる。

そのようなことは、自然をすこし眺めていれば、何回となく目にすることができる。風にあおられて木から落ちた毛虫が、また近くの木にはいあがるべく、ヒョコヒョコと歩いてゆく。もう五センチで一本の木にとりつくというときに、一羽の小鳥が舞いおりてくる。毛虫はすでに小鳥のくちばしの間にある。

こういうまったく予期もされない、瞬間的な死を見ていると、いったい彼ら動物たちは、どうしてたいした恐怖も示さずに生きていられるのか、ふしぎな気もしてくる。それはおそらく、彼らがまだ死を発見していないからだろう。もし彼らが死というものを知っていたら、あまりの恐怖に一歩も動けず、ほとんどすべての動物は餓え死してしまったかもしれない。

動物の世界においては、死が日常であって、生は奇跡である。一回に数ヒキの仔を産むけものでは、親になるまでに、すくなくともその半数が死ぬ。一〇〇〇個の卵を産む昆虫では、九九〇ピキ以上が死ぬ。二億の卵を産むといわれるマンボウでは、理論的にいっても一億九千九百九十九万九千九百九十八ピキが死ぬはずである。雌雄一対で子孫を産むものでは、産まれた子ないし卵のうち、二ヒキが次の生殖に与るとき、個体数がほぼ一定に保たれる計算になるからである。

したがって、産まれた子孫はそのほとんどすべてが死ぬ。それぞれの種は、あらゆる手段をつくして死を避けるように配慮し、いずれの個体も全力をあげて死を逃れようとしているのにかかわらずである。そして、このような死がおこらぬかぎり、多くの動物は食べていけず、したがって種を存続することはできない。当然のことながら、一つの種の動物は、それが餌としている他の種の動物の死を前提として存続しているのである。

もし、ある動物の死がすべて免れられたとすれば、それはそれを餌とする他種の動物の死を意味するものとなろう。

人間の「発見」した死が、本来的には個体の死であったことはいうまでもない。けれど、その後の諸発見によって、死の基準はあいまいとなった。医学の世界では、どの時点で死を認定するべきか、議論が絶えない。一方、生物学では「細胞死」(cell death) の問題がクローズ・アップされてきている。

オタマジャクシに手足が生えてカエルになることはだれでも知っている。けれど、この変態の過程では、手足が生え、肺ができるという「建設的」な事象ばかりでなく、尾の消失という「破壊的」な現象も同時に進行するのである。

変態に際して尾にどのような変化がおこるかをしらべてみると、尾の消失は自殺によるものであることがわかる。つまり、尾の細胞は次々に細胞死を遂げてゆき、その成分は血流によって胴部のほうへ運ばれて、建設的事象の素材となるのである。

それが自殺である理由は、各々の細胞の死が外から迫られたものでなく、自己消化をひきおこす酵素を細胞が自ら大量に作りだすことによって生ずるものだからである。変態の過程にはいくつかのホルモンが関与するが、オタマジャクシ体内のホルモン的情況があるフェーズに達すると、尾の細胞はその細胞質の中にリソソームという小胞を作りはじめる。リソソームはしばしば

suicide bag（自殺袋）とよばれるように、細胞そのものを消化してしまう各種の酵素を含んでいる。もうすこし時期が進むと、suicide bag は破裂し、その酵素が細胞質の中へちらばっていって、細胞は内部から崩壊し、死んでしまうのである。

この細胞死は、尾の周辺部からおこり、次第に中心部からつけ根のほうへ向かってゆく。したがって、自殺した細胞の構成成分は、ほとんど無駄なく手足の形成に利用される。ということは、尾の細胞の自殺と死はあらかじめプログラムされたもの、しかもじつに周到にプログラムされたものであることを示している。

カエルと同じ両生類に属しながら、変態後も尾を失わないために有尾類とよばれるイモリやサンショウウオでは、変態に際して尾の細胞が死ぬというプログラムは存在しない。しかし、彼らにおいても変態に伴なって鰓その他の器官は消失し、そこではオタマジャクシの尾におけるのとまったく同じぐあいに細胞の死がみられる。

たしかに死は生の終わりなのかもしれないが、生物においては死はじつは生の始まりであり、死なくして生はありえないのである。

光の動物学

光はいつから存在したのであろうか？

これはいささか奇妙な問いにきこえるかもしれない。なぜなら、地球の生成のはるか以前から、太陽はその光を宇宙空間にふり注いでいたはずだからである。

けれど、イギリスの大生物学者であったジュリアン・ハクスリーはこんなことをいっている――物理学者は原始地球の上にも光はあったようなことをいう。これはずいぶん乱暴ないいかたであって、人を誤解させる。光はこの地球上に動物が出現し、目をもったときに始めてあらわれたものであった。それ以前は、それは電磁波のうちのある領域にすぎなかったと。

事実ジュリアン・ハクスリーのいうとおりなのである。

かつて、ぼくが東京農工大にいたころ、当時助手であった小原嘉明氏とぼくは、モンシロチョウの雄がどのようにして同種の雌をみつけだし、それと認知するのかということを知ろうとしていた。

今ではたいへん有名になったが、そしてそれゆえに誤解する人の数もふえたのではあるが、たいていの蛾の雌は性誘引フェロモンとよばれる特別なにおいを尾端から放って、雄を誘引する。昔考えられていたほどその機構はかんたんではないことがわかってはきたけれど、とにかくその誘引力と特異性は驚くべきものであって、ある距離以内にいる自分と同種の雄を相当な率でひきつけ、交尾する。

けれど、蝶はそのようなにおいを使わない。平たいガラスの容器に封じこめたモンシロチョウの雌にも、雄は的確に飛んでくるし、死んでからからになった雌の標本にも、雄は飛びついてくるのである。どうみても、モンシロチョウの雄は目で雌をみつけているとしか考えられないのである。

蝶は昔から絵にかかれ、各種のイメージに使われてきたくらい、人間の目につきやすい存在である。だから、蝶の雄が雌を目でみつけるといっても、さほど不思議はない。だが不思議なのは、モンシロチョウの雄が、キャベツの葉に翅を閉じてとまっているモンシロチョウの雄と雌を、正確に識別していることであった。

翅を閉じて裏だけをみせているモンシロチョウの雄と雌を区別することは、かなりなれた人にも容易でない。両者は人間の目にはそれほど似ているのである。ただ、モンシロチョウの雄と雌の標本をまっ暗な暗室の中にもちこみ、適当な波長の紫外線で照らしてみると、歴然としたちがいがあらわれる。つまり、雌は白く、あたかも外で見たときと同じようにモンシロチョウらしくみえるのに、雄はほとんどまっ黒くしかみえないのである。

これは、モンシロチョウの翅の鱗粉に含まれているプテリンという色素が雄と雌で異なっていて、雌の翅にあるプテリンは吸収した紫外線を白色の螢光に変えて放出するのに対し、雄の翅にあるプテリンはすこし化学構造がちがうため、紫外線を濃褐色の光に変えて放出するからである。

けれど、所詮これは暗室の中で、紫外線しかないときにあらわれる差にすぎない。白日のもとでみれば、雄も雌もほとんど同じにみえてしまう。もちろん、太陽からくる紫外線の一部が翅にあたって、それが白色ないし濃褐色の光に変えられていることはたしかだが、翅から反射される色ぜんたいにくらべれば、それはとるに足らないものである。

では、モンシロチョウの雄は、どのようにして雄と雌を見分けることができるのだろうか？それはやはり紫外線によるのである。ただし、紫外線といっても、それによって生ずる螢光にもとづくものではない。紫外線そのものの反射率が、雄、雌の翅で異なることによって識別がなされているのである。

それは、モンシロチョウには紫外線がみえるからである。モンシロチョウは他の多くの昆虫と同じく、人間の眼には見えない紫外線が見える。したがって、紫外線を反射している雌の翅と、反射していない雄の翅は、まったくちがった色に見えているはずなのである。

モンシロチョウに紫外線が見えるということは、モンシロチョウにとっては紫外線も光だということである。われわれ人間にとっては、紫外線はまさに紫外線であって、光ではない。可視光をまったく含まぬ紫外線だけで照らした部屋に入ったら、われわれはまっ暗いと思う。けれど、その同じ部屋を、モンシロチョウは明るいと感じるであろうし、天井にある紫外線灯はキラキラと輝いて見えるだろう。事実、多くの昆虫はそのような部屋に放たれたとき、紫外線灯めがけて飛んでゆくのである。

けれど、いろいろな人々の実験で明らかにされたとおり、モンシロチョウには赤い色が見えない。赤は黒と同じく、暗黒としか感じられないのだ。われわれの心にさまざまな感動をよびおこす夕映えの赤い光は、モンシロチョウにとっては光ではないのである。フォン・フリッシュがいみじくもいったとおり、それは黄外線にすぎない。

しかし、同じ蝶でもアゲハチョウの仲間には赤がちゃんと見える。彼らにとって、赤はけっして黄外線などではなく、われわれにとってと同じように光なのである。その上、彼らには紫外線も見える。アゲハチョウにとっての光は、われわれ人間にとっての光より広汎であり、豊かなのだ。

われわれは無雑作に「光」というけれど、光は動物の種によってこのようにちがう。ある動物にとっての光は他の動物にとっては光ではない。われわれが光として感じているものは、単に人間にとっての光にすぎない。そしていかなる方法をもってしても、われわれは紫外線を光として体験することはできない。できるのは、たとえばそれを螢光板にあてて可視光に変換するというような手段によって、その存在を理論的に知ることにすぎない。

しかし、生物学においては、物理学や天文学におけるのとはちがって、ことは無限には展開しない。光が動物によって異なるとはいっても、その範囲は限られている。極端に波長の短い紫外線を光として感じる動物はいないし、赤外線についても同じである。それは生物がつねに不安定な存在であり、かつ自己保存機能をもつ存在であるからである。

われわれにとって紫外線は光ではない。けれど、強い紫外線のふりそそぐ夏の浜辺や冬の雪山では、われわれの肌はその化学的作用によって黒く焼けただれる。われわれの眼はその水晶体が紫外線をくいとめるようにできており、それによって紫外線が網膜に達するのを妨げ大切な網膜が焼けてしまわないようになっている。しかし同時にこのことによって、われわれには紫外線を見ることができなくなった。それは眼を保護するしくみである。いわば、光を光としてよりよく認めうるために、紫外線を光の範疇から切捨てたのである。

昆虫にしても同じことだ。いくら彼らに紫外線が見えるといっても、見えるのはわれわれの光に近い近紫外の部分にすぎない。もっと波長の短い、そして化学的破壊作用の強い部分の紫外線は、用心深く光から切捨てている。彼らとてそれを光にしようとは思わなかったのである。

物理学のスケールでみれば、生物の世界には「超」という字を冠しうるものはおそらくない。すべてはつましいスケールのものである。生物において驚嘆すべきことは、個々の事象の「超能力」ではなくて、その組合わせとその選択なのである。

ハクスリーによれば光は「見える」ものであるけれども、はたしてつねにそうなのであろうか？よく知られているとおり、多くの動物は植物と同じく日の長さ、つまり昼の長さによって季節を知る。たとえば多くの蝶や蛾は、幼虫時代の日の長さが一定の値以下になると、冬の休眠に入る準備を始めるし、またある蛾のサナギは冬をこしたのち、日が長くなってくると親になる発育を始める。植物の芽などにつくアブラムシは、夏の間は雌だけしかおらず、処女生殖によって（卵ではなく生意気にも）子を産んでふえてゆくが、日長がある限度以下に短くなると、雄雌をともに産むような雌が現われる。

これらの虫にはいずれも眼があるが、光が眼によって「見られ」ているのかどうかは、はなはだ疑問である。蝶や蛾の幼虫つまりいもむしや毛虫には、頭の両側にたしかに眼はある。けれど、この眼はじつに頼りないものであって、われわれの感覚からすればなかなか眼だとは信じがたい。おまけに、この眼を黒いエナメルでぬりつぶす実験がくりかえしおこなわれているけれども、それによって日長に対する反応（光周反応）が消失したことはなかった。つまり、眼がつぶされても、光は光でありつづけたのである。

蛾のサナギの場合には、眼はもっと絶望的な状態にある。つまり、サナギになったとき、幼虫時代の眼は親の眼に変形を始めるが、そのごく始めのところでサナギは休眠に入ってしまうのである。体の発育はすべて停止し、眼もまた例外ではない。この未完成の眼が日の長さを感じとって、自己の完成へ向かう過程を再開すべき時期を知ることができるのであろうか？　それはどうみても自己矛盾であるように思われる。事実、この眼を黒くぬりつぶしても、日の長さに対する反応は消失しなかった。

ある蛾のサナギは黒褐色で、固くて厚い皮膚に包まれている。ところが、頭の先端に一か所だけ、皮膚がほとんど透明で、あまり厚くない場所がある。この「窓」をエナメルで黒くぬりつぶすと、サナギはもはや日長に反応しなくなった。「閉じた窓から眺める者」が、必ずしも多くを見るとは限らないのである。

ではこの虫たちはどこで光を「見て」いるのであろうか？　アブラムシでおこなわれた器用な実験は、それが脳自身であることを明らかにした。光が外にもれないようにきっちりと覆った注射筒の中に豆ランプをとりつける。注射針の先は平らに切り、注射筒のポンプを引いて針の先にアブラムシを吸い着ける。針は十分に細いので、小さなアブラムシの体の特定な部分だけに光を与えることができる。一定時間こうして照射したのちにポンプを押せば、アブラムシは針の先から離れ、暗黒の飼育箱の中に落ちる。このようなぐあいにして、脳の真上に与えられた光だけが、日長反応において有効であることがわかった。

おそらく他の虫でも同じことなのであろう。だとすると、この場合には光は光であるとはいいきれなくなる。ここで有効な「光」の波長は、われわれが光と感じている範囲のものであり、とくに緑色の光がもっとも作用が大きい。けれど、虫たちがこの光を「見て」いるのかどうかは疑わしい。彼らは眼では光を見、そしてその同じ光を一方では脳で直接に感じているのかもしれない。光は光であるとともに光ではないのかもしれないのである。

日長に対するこの反応においては、光は奇妙な役割を果たしている。日長というのは本来は昼の長さを指すことばである。けれど、この反応で本質的なのは夜の長さであることが、まず植物で、ついで動物でかなり昔に明らかにされている。日が長いということは夜が短いということであって、動物はじつは長日にではなく、短夜に反応しているのだ。短日つまり長夜にすると、多くの昆虫は冬の休眠に入るが、この長夜の途中で一時間ほど光を照らし、夜を分断してしまうと、昆虫はもはや休眠に入らなくなる。そのようなとき、光はもはや光ではなく、夜を断ち切るものにすぎないのかもしれない。

人生におけると同じように、自然の中においてもまた、光は主観的なものなのであろう。

生物の性は何のためのものか

性というものの存在が、人間の心理、文化、社会にどれほど大きなインパクトを与えてきたか、とうてい計り知ることはできまい。太古から人間は、男女の性があるということを所与の条件として、ものを感じ、行動してきた。言語も文化もその上に成立ってきたたし、近代がいかに男女の平等を唱えようと、生物学的には性の存在は否定すべくもなかった。

性の存在はしばしば欲望や禁欲の問題を生み、宗教や道徳の規範の根源ともなってきた。人間のなすことで、性の問題が反映されていないものは、おそらく存在しないのではあるまいか。けれど当然のことながら、性は人間だけに存在するのではない。自然を見渡してみると、性はほとんどありとあらゆる生物にみられる。無性的な分裂によってふえるものと信じられていた細菌にも、性の存在が知られてもうかなり久しい。これらの生物たちが、すべて人間と同じく男と女の問題に悩まされているかどうかはわからないが、いずれにしても性の存在が、ものごとをややこしくしていることはまちがいない。自然はなぜそのようなものを発明したのであろうか？

「性」の存在は、有性生殖という生殖法とむすびついている。有性生殖に対置されるのは、もちろん無性生殖であって、植物が地下茎を伸ばしてふえたり、アメーバや細菌が分裂してふえてゆくような場合がその一つの例である。

いうまでもないことだが、性的な生殖と無性的な生殖との根本的なちがいは、子孫を生ずるにあたって、繁殖子の合一が必要であるかないかにある。繁殖子というのは、親の体の一部から生じて、次の代の子孫を形作る素材となるものすべてをいう。カビの胞子、動物の精子、卵子、みな繁殖子である。

無性的な生殖においては、一個の繁殖子はそのまま発育して、次世代の子孫となる。けれど、有性的な生殖においては、必ず二個の繁殖子（有性生殖における繁殖子は、とくに配偶子とよばれる）が合一しなければ、そこからは何も生じない。ニワトリの無精卵は、巨大な繁殖子であり、みかけはりっぱなものであるが、当然合一すべき精子と合一していないので、いくら暖めてもくさってしまうだけである。

配偶子の合一という性的なプロセスによって、この二個の配偶子に含まれる遺伝子の混合がおこる。そしてそれによって、子孫が生ずる際に、親個体のもっていた遺伝子のセットの組換えがおこる。この遺伝子の組換えということこそ、性というものの根本的な機能である。

ダーウィン流に、より多くの子孫を残すことが有利だとした場合、有性生殖は明らかに損である。今ここに、n匹の個体がいたとして、それがそれぞれa個の繁殖子を作るとする。もしこの生物が無性生殖をするものなら、$n \times a$個の繁殖子は、すべてそのまま次代の子孫となる。けれど、有性生殖による場合には、繁殖子は二つずつ合一せねば子孫を作れないのだから、生ずる子孫の数は半分になってしまう。

おまけに、多くの動物においては、合一すべき一対の繁殖子が精子、卵子というように異なってきているばかりでなく、それを生じる親個体自身が、雄、雌というように分化している。その結果、人間における両性間の複雑な心理的相克は別にしても、雄と雌の出合いに始まって、互いの認知（同じ種の動物の異性であることの認知）、衝動の同期化などといったややこしい問題が、たくさん生じてくる。それらはいずれも、ともすれば子孫の数を減らす方向に働く可能性がある。

遺伝子自体からみても、有性生殖は損になる。「遺伝子自体からみる」というのはいささか奇異にきこえるかもしれないが、要するに、もし今A_1A_2という遺伝子の組をもった個体がいて、このA_1A_2という遺伝子の組が生存上たいへん有利であったとする。この「組」というのは、メンデルの法則の説明のとき、ＡＡという遺伝子の組をもった個体と、ａａという組をもった個体をかけあわせると、雑種第一代は、ＡＡ、Ａａ、Ａａ、ａａとなるので、おもてむきの形質はＡのもの三、ａのもの一、つまり例の三対一になるという話の「組」であるから、配偶子形成のときにはA_1とA_2は分離してしまい、それぞれが受精のとき他の配偶子のもつ遺伝子、たとえばA_3、あるいはA_4と合一して、新しい組を作る。したがって、次の代の組はA_1A_3、A_1A_4、A_2A_3、A_2A_4というようになって、もとのA_1A_2という組合せはあらわれない。

もしこの生物が無性生殖をするのであれば、遺伝子のこのような組換えはおこなわれないから、子孫においても、すべてもとのA_1A_2のままである。つまり、子孫におけるA_1の出現率は一〇〇%であり、A_2のそれも一〇〇%である。ところが有性生殖の結果生じる子孫においては、右に述べたようなことになるから、A_1の出現率は五〇%、A_2も五〇%となってしまう。もし、無性生殖、有性生殖いずれの場合にも、生ずる子孫の数が同じだとすれば、有性生殖によって遺伝子は五〇%の損をすることになる。

有性生殖が明らかに「損になる」例は、まだまだあげられる。けれどそれにもかかわらず、大部分の生物は、有性生殖をおこなっている。そして、それに伴ういろいろむずかしい問題を、さまざまな工夫によって克服している。多くの植物の花の構造とそれを訪れる昆虫との関係や多くの動物の求愛行動が、いかにエラボレートされたものであるかをみれば、自然がどれほど性に固執しているかがわかる。

なぜ、自然はそれほど性に執着するのか？　この問題はかなり以前から論じられてきた。その結論は、かんたんにいえば、有性生殖によって遺伝子の混合がおこり、環境に対する抵抗力が強まるから、ということであった。

けれど、それならすべての生物は有性生殖ばかりをしていればよいはずである。だが現実には、生活環（ライフ・サイクル）の中で有性生殖と無性生殖を交互におこなう生物も、意外と多いのである。たとえば、植物の新芽に好んでたかるアブラムシは、春から夏の終わりまで、ずっと雌ばかりしか存在せず、処女生殖によって無性的にふえつづける。秋になると、やっと雄が現われて、有性的な生殖をする。かと思えば多くの植物のように、一方では地下茎や根による無性生殖をおこないながら、他方では毎年花を咲かして、有性的な生殖をしているものもある。

したがって、性は何のためにあるかという問に対して、性のあるほうが有利だから、という答は、あまりにも一面的にすぎるのである。また、漠然と有利であるというだけでは、生物が性の存在によってうけるであろう不利益を、どれだけ上まわる利点があるのかもわからない。

ここ二〇年ほどの間に、この問題はG・C・ウィリアムズ、クロウ、木村資生、太田朋子、レヴィンズ、メイナード＝スミスその他多くの人々によって綿密に検討されてきた。確率論にもとづいたこれらの議論をここで体系的に述べることはとてもぼくの力ではできないので、メイナード＝スミスの説を例としてそのあらましだけを紹介してみよう。

メイナード＝スミスによれば、性の存在についての説明には二種類ある。一つは彼が「長期的説明」とよんでいるものであって、性をもつ（性的に生殖する）生物集団は、性のない集団より早く進化することができるので、長い時間がたつうちには、性のある集団が生残り、性のない集団は滅びる、という説明である。

もう一つは彼が「直接的説明」とよぶもので、性的に生殖する個体は無性的に生殖する個体よりはるかに多様な子孫を作るので、高度に適応した子孫を生ずる直接的な機会が大きいという説明である。

第一の長期的説明の根拠は、次のことにある。今、aという遺伝子が突然変異をおこして、より好適なAに変わったとする。一方、これとまったく独立に（突然変異はその定義上からも、すべて独立の事象である）、べつの個体においてべつの遺伝子bがやはりより好適なBに変わるとする。もしこの集団の個体が無性生殖によってふえてゆくのであれば、集団の中の個体がAとBを二つながらもつようになるという事態は、a→A、b→Bという二つの独立の突然変異が、偶然に一つの個体におこらないかぎり生じえない。けれど、もし性があれば（この集団の個体が有性生殖をするのであれば）、子孫における遺伝子の組換えの結果、A、Bの両者をもつ個体が急速に生じてくるはずである。

好適な突然変異のおこる遺伝子座が、右のA、Bのように二つでなく、もっとたくさん（たとえば一〇）ありうるとし、突然変異を生じた遺伝子座の数のふえてゆくことを進化だとみるとす

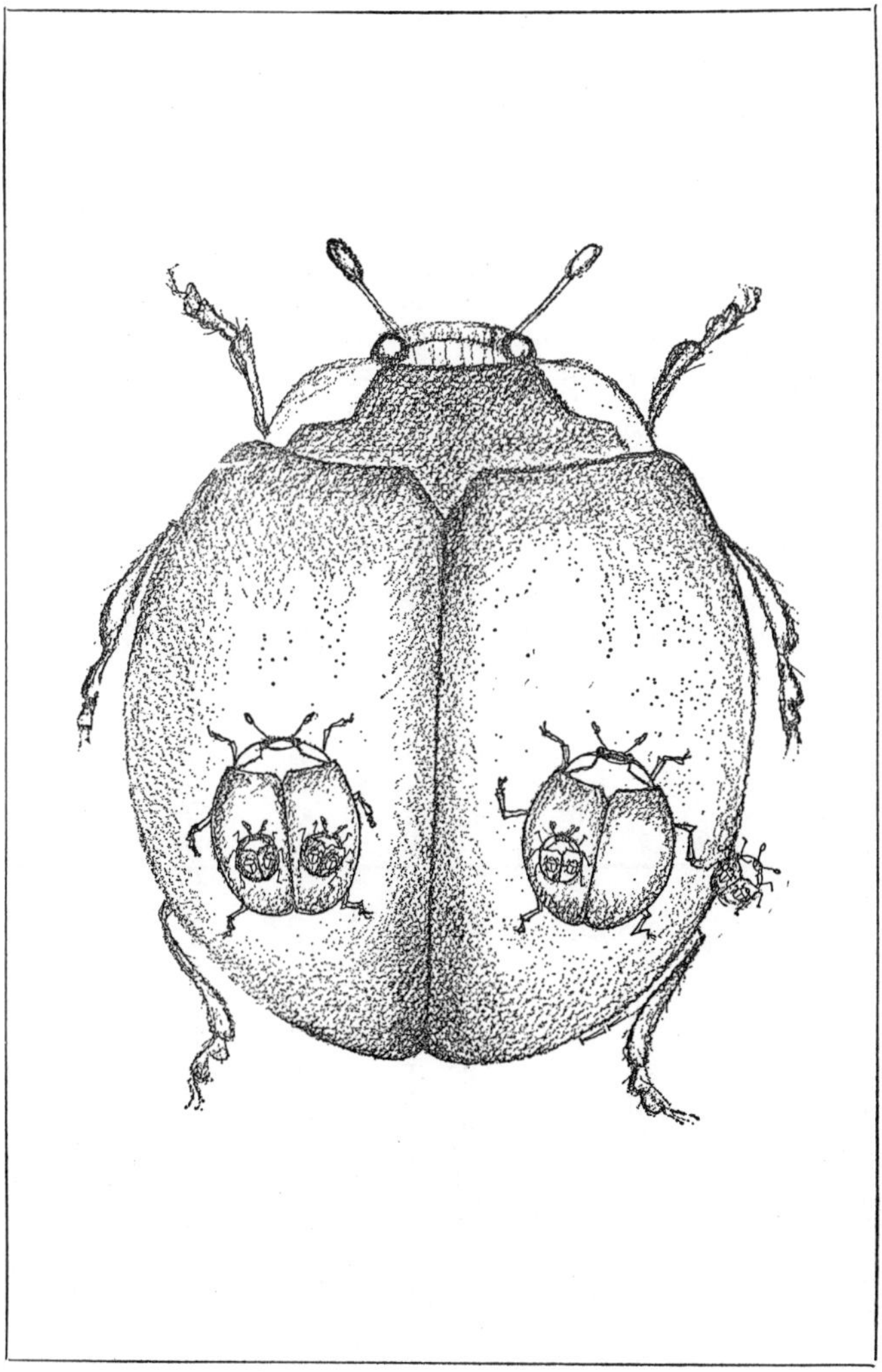

ると、性のある場合とない場合で、どのようなちがいがでてくるであろうか？

それを予測するにあたっては、集団の大きさ（集団を形成している個体の数）N、好適な突然変異の生じうる遺伝子座の数l、一遺伝子座、一世代あたりの突然変異率u、一個の好適な突然変異によって与えられる淘汰上の有利さs、l個の遺伝子座のうち好適な突然変異をi個もっている個体の集団内での頻度P_iが問題となる。

無性生殖をする集団では、生じた突然変異をもつ個体の頻度はsの大きさに従ってふえてゆくが、それにuという確率でおこる新たな突然変異が加わってゆく。性のある場合には、さらにこれに組換えによる突然変異の伝播が加わる。このようなことを数学的にモデル化し、上記の数値を与えてみると、集団内の全個体についてl個の座のうち、たとえば平均9・9個が好適な突然変異をもつようになるまでに何世代を要するかが計算できる。

uを10^{-9}、sを10^{-2}、lを10、と仮定すると、大きさNが10^6の集団では、性のない場合には一〇三、一〇〇世代、性のある集団では一一五、二〇〇世代後に、また、Nが10^9の集団で性のない場合には、一二、三二〇世代、性のある場合にはわずか二、一七〇世代後に、右にいった状態に達する計算になる。

すなわち、集団がそれほど大きくないときには、新しい環境に適応してゆく速度に関して、性の利益はほとんどない。けれど集団が大きくなると、性の存在はかなり進化を早めるのである。

けれど、Nが10^9から10^{10}に増しても、性の効果は目立ってふえるわけではない。

では、第二の「直接的説明」に移ろう。

ある生物の環境というものは、けっして一様ではない。環境のもつ特徴は多数あり、たとえば温度についていえば、それが高い（Ａ）、低い（ａ）というように、対立したものがさまざまに存在している。したがって、ある環境は$\bar{A}\bar{b}\bar{c}\cdots\bar{L}$というような特徴の組合せとしてあらわされ、べつの環境は$\bar{a}\bar{B}\bar{C}\cdots\bar{l}$とあらわされる。そして、これらすこしずつ異なる環境が、空間的にも時間的にも入りまじっている。

今、ＡＢＣ…Ｌという遺伝子の組合せは$\bar{A}\bar{B}\bar{C}\cdots\bar{L}$、という環境に適応しているとすると、もし環境が一様であり、次の世代になってもこのままで変化しないと予見されるなら、無性生殖のほうが有利である。ＡＢＣ…Ｌという遺伝子組成が代々そのままつづくからである。もしこのような場合に、性が存在すると、ＡＢＣ…Ｌという個体と、たまたまよそからまぎれこんできたａｂｃ…ｌという個体との間にできた子孫は、さまざまな遺伝子組成をもつことになり、この$\bar{A}\bar{B}\bar{C}\cdots\bar{L}$という環境への適応度が下がることになろう。そういうことは、たとえば、雌は定住的なのに雄はあちこちへ分散していってそこの雌と交尾し、生まれた子は母親といっしょに生活するというような動物の場合におこりうる。

しかし、もし次の代における環境がどのようなものになるか予言不能な場合には、当然ながら性のある集団のほうが有利になる。けれど、それは必ずしも単純にいいきれる問題ではない。その環境のある特徴にもとづく淘汰の圧力の大きさ、適応している個体がある程度までふえたとき、それによってたとえば住み場をめぐる争いがはげしくなってかえって適応度が下がるというようなことがないかどうか、あるいは予言不能な環境変化がどのくらいの時間間隔でおこるのか、といったようなことが、すべてからまってくる。その条件次第では、性がどれくらい利益をもたらすかも変化する。

要するに、性はある状況のもとにおいてのみ有利なのである。この結論はいささか当然すぎるものにみえるかもしれないが……

2　ぼくの動物誌

昼の蝶の存在について

蝶といえば、洋の東西を問わず可憐な存在である。日本の「蝶よ花よと育てられ……」に始まって、愛らしい少女を蝶にたとえ、蝶を少女に描くしきたりは、どこの国でもかわりない。女の美しい眉を蛾眉と呼んで、蛾の触角になぞらえた中国人は、その点ではじつにユニークである。

蝶はなぜそのような存在となったのであろうか？

いわゆる近代科学はこのような問いに答えてはならないことになっている。「どのようにして」という説明のみが近代科学の職務であって、「なぜ?」と問われたらソ連人の官吏のように口をつぐむのが道であった。

けれどわれわれには疑問は残る。すこし想像をめぐらしてみよう。

そもそも、蝶と蛾とを区別する動物学的な基準はない。ものの本に書いてある、蝶は羽を立ててとまるとか、蝶の触角は先が棍棒状とかいう区別には、すべて例外があって、まったく判断の基準にはならない。ただ一ついえるとすれば、それは「蝶は昼間しか飛ばない」ということである。

よく考えてみると、これこそが蝶を蝶たらしめているおそらくは唯一の理由のように思われる。蝶は昼間飛ぶからこそ、あのような存在になったのだ。

そのいきさつは前にもいくどか述べたことがある。つまり、蝶は昼の光の中で生きるので、生活のほとんどすべてを光にたよっている。まず彼らは、目で花を探す。花の色、それにいくぶんかはその形、ただし輪郭ではなくて、その立体的な構造が、彼らに「花」の存在を告げる。

彼らは異性も目で探す。雌の放つ特殊な匂いに魅かれて雌をみつけだす蛾とちがって、蝶は雌の姿、その色や色のパターンを手がかりとして、ガール・ハントをする。蝶はきわめて人間と似ているのだ。

雌が卵を産むべき植物を探すときも、最初の段階は目にたよる。それとおぼしき枝ぶり、葉ぶり、葉の形をしている植物を、まず目でみつけだして近寄るのである。

これほど目にたよる蝶にとって、太陽はやさしい。さんさんと光を送って、地上のすべてのものを照らしてくれる。

だが、光にはすばらしくまた怖るべき性質がある。それは光が直進するということである。雌の羽から反射された色の光が、雄の目に入ったら、万事問題はない。光は直進するのだから、雄はその色の物体にむかって直進すればよい。そこには必ず雌がいる。

けれど、雌が一枝の葉のかげにいたらどうなるか。光は直進するから、葉にさえぎられて雄の目にはとどかない。

すべての蝶の雄は、つねにこの問題に悩まされる。その解決は、雄が上下左右、たえず自分の位置をずらし、いろいろな角度からまわりを見てゆくことにある。このことは、じつは必然的に解決されていたらしい。蝶が異性を目で探し、認知する以上、その異性たるものは、やはりあたりから浮立つ派手で、大きな存在でなければならなかった。そこで、その羽は許せる限り広くなった。大きく広くなった羽は、どうしてもきゃしゃになる。木の葉のように、風にあおられて舞いがちである。いや、風がなくとも、自分自身で羽をうつだけで、蝶の体はいやおうなしにひらひらしてしまう。

目でものを探すときに要求されることと、目立つ姿になるときに必然的に生ずるこの結果との間には、何の矛盾も生じなかった。彼らが美しくなるほどに、飛びかたは優雅にならざるを得ず、それは異性を探すのに幸いした。

おもしろいことに、本来夜の蝶であるはずの蛾の中に、転向者というか異端者というか、昼の蛾になってしまったものがある。そのような蛾は、一見、もともと蝶なのかとみまがうほど美しく可憐である。そしてそればかりでなく、その多くは目で雌を探し、蝶のようにひらひら飛ぶ。美は光がなければ存在しないが、それは光が美を生みだしたからである。

ネコの時間

いったいネコは人間のことを何だと思っているのだろう？　何匹かのネコと一緒に暮らしていると、いつもそのことを考える。

ネコは人になつくのでなく、家になつくのだと、よくいわれる。たしかに人間の存在など気にもかけず、スーッと家から出ていったり、いつのまにやらどこからか戻ってきて、椅子の上ですまして眠っていたりするのを見ると、そんな気もしてくる。

けれど、すこしネコを飼ったことのある人ならよく知っているとおり、飼われているネコはあきらかに人間にもなついている。なついているどころではなくて、人間にまったく依存しきっている。飼い主がある期間以上家をあけでもしたら、たとえ食べものはたっぷり与えられていても、ネコは気が狂ったようにさわぐ。そして、飼い主の足音や車の音がきこえたら、全員玄関にとびだしてくる。それはけっして餌欲しさからではないようである。

そのように人間になついたネコも、一日の一定の時間になると、ネコどうしで遊びはじめる。

ふだん歩くときは足音を忍ばせ、まわりの物に注意深く気をくばってやたらにひっくりかえしたりしないネコたちが、いったん遊びに熱中したらまるで「人がかわった」ようになる。ドドドドドッとすさまじい物音を立て、そこらじゅうのものをけちらかして、おそらくは狩人ごっこなのだろう、跳びかかり、追跡し、ころげまわる。こういうとき、彼らは人間のほうなど見向きもせず、人に呼ばれても返事一つしない。彼らは完全にネコになっているのだ。

この遊びのひとときが終わると、彼らはベッドか椅子の上へ上りこみ、くるっと丸くなって眠りこんでしまう。このとき、彼らが好む布がきまっているのも、ネコ好きの人ならよく知っているはずだ。ふしぎなことに、毛皮というのはそれほど好かれない。むしろ、比較的荒い目のベッド・カバーなどのほうが好きである。ネコ族の動物はふつう巣というものは作らないから、彼らは寝場所を巣と思っているのではない。

かと思うと、ときどき彼らは、食器棚の上のような高いところにじっとすわりこんでいて、頭の上からニャアと小声で鳴いたりする。彼らは木の上にとまっているつもりなのだ。そんなとき、だれでもきっとルイス・キャロルのあのネコのことを思いだすだろう。でも現実のネコは笑いだけ残して消えてしまうことはない。

パック・ハンター、つまり群れ《パック》を作って狩りをするイヌなどでは、群れにリーダーがおり、他のイヌはそのリーダーに従っている。そして、リーダーは飼い主を自分のリーダーだと思っている。イヌはこのシステムに従って、飼い主になつくといわれている。だから、飼い主はリーダー・イヌと思われているのである。飼い主の家族に対してイヌが「差別」をつけてなつくのは、イヌの社会に順位のあることの反映である。

けれど、ネコの社会はまったくちがう。ネコは本来群れを作らぬ単独狩猟者である。それぞれがなわばりをもっているが、このなわばりは比較的ゆるやかなもので、なわばりの中で二匹のネコが鉢合わせしないかぎり、闘争にはならない。自分のなわばりの中をよそのネコが通ってゆくのを、どこかにすわって、じーっと目で追ってゆくだけである。もちろん、リーダーとか順位は、本来的には存在していない。そうするとネコはなぜ人間になつくのであろうか?

ネコに手を出すと、しきりにペロペロとなめる。これは親ネコが子ネコにする動作、ないし子ネコどうしがする動作で、きわめて反射的なものであるらしい。ある状況のもとで目の前に出てきたものは、毛が生えていようといまいと、ある回数はなめる。ほんとうのネコどうしだと、次に相手の体を軽く咬む。甘えんぼのネコが、人間に咬みつくのも、この動作の延長である。ネコはたいへん親愛の情をこめて、しかも注意ぶかくグルーミングをしているつもりなのだろうが、悲しいことに人間の肌は毛もないし、やわらかい。ときどきざっくり歯を立てられて、血が流れることがある。そのときのネコの驚き! こんなつもりじゃなかったのに……という表情がありありと読みとれる。人間はネコにとって、やはりネコであったのだ。

ハリネズミ

いつもうらやましいなと思うのは、ヨーロッパにはあのひょうきんなハリネズミが、どこにでもいることだ。田舎はもちろん、パリから電車で一五分足らずという近郊にも、ハリネズミはたくさんいる。

だが、生きた彼らの姿を見られるのは、まず夜だけだといってよい。モグラの仲間であるハリネズミは、いわゆる夜行性動物だからである。昼間見かけるのは、道の上に点々ところがった彼らの死体である。夜、えものをあさりにでたハリネズミは、近づいてくる車の音に驚いて、その場でクルリと丸くなる。彼らの論理では、それで危険は避けられるはずなのだ。車の音が身近に迫るほど、彼らはますますキュッと身を丸める。そして無残にもはねとばされるか、轢き殺されるかしてしまうのである。

ハリネズミは日本にはいない。ヨーロッパから全アジア大陸を経て、おとなりの朝鮮半島にまで住みついているのに、どういうわけか日本海を渡ってくれなかったのだ。だからぼくは、この動物を飼ってみたくてたまらなかった。あのイガ栗のような体を、手の上にささえてみたくてたまらなかった。

夏の終わり、すこし遠出をしての帰り道に、パリ郊外の道端をのこのこ歩いているハリネズミが目に入った。まだ夕方にもすこし間があるというのに……といぶかしく思ったが、とにかく即座に車からとびだして、大きな帽子をすっぽりとかぶせてつかまえた。

家へ帰ると、庭の一隅にニワトリ用の金網を使ってかなり広いかこいを作った。下には落葉を敷きつめ、かくれたり、もぐったりする場所もしつらえた。それからは、ミミズ掘りが毎日のつとめになった。

食虫類とよばれるこの仲間は、毎日自分の体重と同じか、あるいはそれ以上食べないと餓え死にするといわれるほど、大食いで有名なのである。

その上彼らは、われわれ霊長類の直々《じき》の祖先に当るとされているにもかかわらず、どうもあまりアタマがよくなくて、人には馴れないのだ。シェークスピアの「じゃじゃ馬馴らし」は、英語では“The taming of the shrew”だが、この shrew とは他ならぬ食虫類のトガリネズミのことである（ネズミとはいってもほんとのネズミとはちがう仲間である点に注意）。

幸いなことに、ぼくのハリネズミはかなりよく馴れてくれた。その結果、このイガ栗ぼうずを手の上にのせてみたいという、ぼくの長年の念願もかなえられた。けれどぼくは、それ以上この動物を愛撫することはできないということも、十分に思い知らされた。

大昔、われわれの体が毛におおわれていたころへの郷愁からだろうか、われわれは毛皮が好きである。生きたネコの毛であれ、高価なミンクの毛皮であれ、われわれは思わず毛皮を撫でてそのなんともいえず心の安らぐ感触を楽しもうとする。ところがハリネズミでは、これがまったくだめなのだ。

そもそも、毛が何本かずつ集まってあの針の山になってしまっているのだから、毛皮の柔かい感触はない。それは当然わかっていたのだが、やはり撫でてみたくなった。背中にそっと手を触れたとたん、ハリネズミはブルッと身を震わせて、全身の針を逆立てた。ぼくのあわれな手のひらには、針がざくざくと突きささった。

それ以来ぼくは、ハリネズミを手にのせるだけで満足することにした。ただ、この針だらけの正真正銘のじゃじゃ馬にも、すこしはやさしいところがあった。それは気だての問題ではない。気だてからいえば、ハリネズミはいつもおどおどしているほど心やさしい動物である。やさしいところは鼻先であった。細くのびた鼻先のほんの一部のところには、針がない。哺乳類本来の姿をとって、柔かい毛が生えている。指先でそこを撫でると目を細める。なにかやたらと欲求不満をかきたてる動物であった。

水槽のなかの子ネコ？

三年ほど前のことだったか、広島大学の長浜先生の研究室で、たいへんびっくりするものを見た。とはいってもべつに宇宙動物やニューネッシーを見たわけではない。それは単に何匹かのシャコであった。

シャコといわれてすぐにああ、あれかと思いあたる人はすくなかろう。そもそも、シャコという名の動物は一つではないのである。

まずその一つは、フランス小説などで、田舎の子どもか、さもなくば気どった猟人が打ちにゆく鳥である。ただしふしぎなことに、この鳥の名は文学の中にしか存在しないらしく、動物学の本をひもといても、シャコという鳥はほとんどでてこない。だからそれがどんな鳥なのか、ぼくもよく知らない。

その次はあの巨大さで有名なシャコ貝である。近ごろははやらなくなったが、昔は長径一メートルはあろうかというこの貝を、水鉢や庭の飾りにしていた風流人が多かった。潮の干いた珊瑚礁を歩いていてこの貝に足をはさまれ、苦痛にもがいているうちに、刻々と潮が満ちてくる、というような怖しい話をよく本で読んだものだ。

最後がぼくをびっくりさせたほんもののシャコである。東京や大阪の人なら、ほら、あの鮨だねになるシャコですよといえば、一応はわかると思う。

けれど、鮨の上にのってでてくるときは、何やらタレがかかっているし、たねとしてガラスの柵の中に並んでいるときも、すでにだいぶ手を加えられているので、紫褐色の平たい小判にやたらに切り目を入れたようなあの形からは、もとの姿を想像することはまずできない。

食べてみると、その味から多少の察しがつくとおり、シャコはエビ・カニと同じ甲殻類である。生きているときは、かなりエビに近い姿をしているが、鮨に使われるのは、平たい腹の部分だけである。あの腹にはもちろんエビのようにからがかぶさっていて、肢がたくさん生えている。しかもその肢は、エビのにくらべたら、ずっとしっかりしている。というのは、エビは歩いたり体を支えたりするのに胸の肢しか使わないが、シャコは腹の肢で歩くからである。

そのかわり、シャコの胸には、一対の巨大な肢が生えている。この肢はがん丈な鎌になっていて、シャコはこれで魚や他の甲殻類を捕えて食う。そこで英語ではシャコのことをマンティス・シュリンプ、つまりカマキリエビとよぶ。またこの独特の肢のゆえに、シャコはエビとはまったくべつの、「口脚類《こうきやく》」という仲間に入れられている。ということはぼくも知っていた。すし屋へいって、「しゃこたれ抜き」と注文しては、そんなにどう猛な動物なのに、今はこんなみじめな姿になって……と思いながら食べていた。

ところで、長浜先生がシャコの電気生理学的研究というむずかしいしごとをしていらっしゃることも、ぼくは前から知っていた。先生の机のわきには水槽がおいてあり、その中ではなんだか子ネコのようにふっくらとした毛におおわれた小動物が、楽しげにたわむれていた。体を丸めてコロンコロンところげてみたり、二匹でじゃれあったかと思うと、またもやコロンと身を丸めて二、三回転する。そのたびに、体に生えたやわらかい毛が、水の中でやさしく優雅にひらひらと波打っては、キラリと輝く。

ドイツ語でも、ねこやなぎのことを子ネコというのだが、ぼくはふとそのことも思いだした。水の中の子ネコあるいはねこやなぎは、際限もなく楽しげな遊びにふけっていた。

けれど、水槽の中にネコがいるはずはない。ぼくにはそれが何だか、急にはわからなかった。

「何ですか、これ?」というぼくの問いに答えて、先生はいった。「シャコです。」どの動物学者も、自分の研究している動物に惚れこんでいる。「エビなんかよりずっと高等だと思いますよ。」

そういって先生は目を細めた。

「賢いフクロウ」

去年の暮から今年の正月にかけては、まことに忙しく、またまことに有意義な日々であった。十数年前からアメリカに住みつき、今はカリフォルニア工科大学の教授をしているマーク・小西氏が京都へ里帰りした折に、ぼくの研究室を訪ねてくれたからである。

小西氏の正式の名は正一のはずである。かつてアメリカへ渡る船の中で、一緒になったアメリカの学生たちが、アメリカで通じやすい名のほうがいいといって、マークと名づけてくれたのだそうだ。

鳥の囀《さえず》りの学習についてのマーク・小西の研究は世界的によく知られているがこのときには、その話はあまりしなかった。そのかわり彼は、ごく最近のフクロウの研究のことを、熱っぽく語ってくれた。

フクロウというのは、そもそも奇妙な鳥である。鳥のくせに昼間でなく夜目が見える。顔は鳥の顔というよりもサルに近い。日本にはいないが、世界じゅうにかなり広く分布しているメンフクロウなどは、その名のとおり、ほんとにお面をかぶったような顔をしている。フクロウがこの顔をすこし傾けて人をじっとみつめるとき、フクロウはたいへん賢くみえる。これがおそらく、西欧に広くしみついている賢いフクロウのイメージを生んだのであろう。けれどフクロウは賢くみえるだけではない。彼らはほんとに賢いのだ。いや賢く作られているのだ。

彼らの目は大きく、夜になるとらんらんと輝く。これはネコの目と同じことで、わずかの光でものを見る原理の産物である。フクロウは、この鋭い目で暗闇の中のえものをみつけ、おそいかかる。

けれどフクロウは、目だけに頼って狩りをしているのではない、光がまったくない真の暗黒の中では、さすがのフクロウも何一つ見ることはできない。ところがフクロウは、真の暗黒にした実験室の中でも悠然と飛びたち、床を走るネズミめがけて的確におそいかかる。フクロウは耳で見ているのだ。

フクロウの耳は、あの丸い顔の中にある。ミミズクのとんがった「耳」は単なる羽毛の束であって、べつにあの下に耳の穴があいているわけではない。ほんとうの耳は、目の真下よりちょっと外側、人間でいったら、頬のあたりにある。

われわれに音の来る方向がわかるのは、耳が左右に離れてついていて、両方の耳に音が到達する時間のわずかなずれをキャッチできるからである。だから真正面から音がくる場合、その音源がどの高さの位置にあるか、われわれにはなかなかわからない。ところがフクロウの耳は、左右に離れているだけでなく、上下にも位置がずれている。左か右かどちらかの耳の位置が、反対側のより高い、つまり、より目のほうへずれているのである。これによってフクロウは、上下方向でも音の到達時間のずれをキャッチできる。その結果、音源の位置の認知はきわめて正確なものとなる。

床を走ってゆくネズミがたてるほんのわずかな音も、フクロウは聞き逃さない。そして、刻々と移ってゆくその音の位置を、フクロウは正確に捉え、それを追って飛ぶ。音源から約一メートルに近づいたとき、フクロウの両肢が反射的にぐっと前下方に突出され、恐ろしい爪ががっと開かれる。次の瞬間、あわれなネズミはその爪の間に捕えられている。

けれど、ネズミだって音には敏感なはずである。近づいてくるフクロウの羽音を耳ざとくキャッチして、身をかくせばよかろうに。

だがそれはほとんど無理なのだ。なぜなら、フクロウは羽音をまったくたてないからである。羽毛という羽毛の先は細かくけばだち、羽ばたきによって生ずる音を、すべて吸収してしまう。ススキの穂で作った民芸品のフクロウが、このイメージをよくあらわしているのはおもしろい。

マーク・小西が語り終えたとき、短い日はすっかり暮れ、夏だったらフクロウの飛びたつ時間になっていた。

ガガンボ

ガガンボはかわいそうな虫である。第一その名さえほとんど知られていない。たいていの人は大きな蚊だと思っている。だから人を刺しもしないのに、パチンとうたれてしまう。

ガガンボという奇妙な名は、蚊がおん母《ば》という意味だそうである。だからガガンボでなく、カガンボというのが正しいと、ものの本で読んだことがある。

蚊がおん母《ば》の古名のとおり、ガガンボは蚊の仲間である。けれどたいていのガガンボは蚊よりも大きく、中には体が三センチにもなる巨大な種類もある。

彼らは夕方から活動をはじめる。昼は、前の晩の活動を終えてとまったところ——塀でも木の幹でも家の中の壁でもなんでもよい——に、ぴたりと貼りついたまま、じっと動かない。けれど夕闇が訪れてくると、彼らはやおら動きはじめ、やがてその長い長い肢ですっくと立ちあがる。そしてゆらゆらと飛びたつのである。

彼らの飛びかたは、そのまま子の蚊とちがって、優雅とはいえないが、ずっとしとやかである。

翅はかなり急速に打っているのだが、同じ原理で飛ぶヘリコプターのようにやかましいことはまったくないし、蚊のあのいやらしい羽音も立てない。長い肢をもてあましたようなその飛びかたは一種独特のものである。

飛びたったガガンボはどこへゆくのだろうか？　それはきわめて明白で、雄は雌を探しにゆき、雌は卵を産むのである。

ガガンボの幼虫は、土の中に住む。草地のやわらかい土の中で、草の根などを食べているのである。そこで母ガガンボは、夕暮れの中をもの静かに飛びながら、しかるべき地面を探す。よい草が生えていて、地面のやわらかそうなところがみつかると、（じつはそういうことを飛びながらどうやって知るのか、まったくわからないのだが）、彼女の行動は一瞬にしてかわる。長い、先が鋭くとがった腹を地面に向け、彼女は猛烈なスピードで垂直に下降する。そして腹の先を地面に突立ててはぱっと垂直上昇する。彼女は執拗にこれをくりかえす。一回腹を突立てるごとに、卵が一個産まれるのだろう。蚊に刺されながらじっと見ていると、彼女の細い釘のような腹が、見えない金槌で次々と何本も地面に打ちこまれているような気がする。

蚊もガガンボもハエも、みな双翅《そうし》類の仲間である。双翅類には奇妙な虫が多いけれど、その大部分は昆虫の中でもずばぬけた飛行士である。人間の作った飛行機など、とうてい足元にも及ばない。そして皮肉なことにその理由は、彼ら双翅類が、昆虫に本来そなわった四枚の翅のうち、うしろの二枚を捨ててしまったことにある。

四枚より二枚のほうがマヌーヴァーがきく。彼らは左右の二枚の翅をあらゆる角度に傾けながら、急速に打つ。翅の傾きをちょっとかえれば、腹の先を地面にたたきこむ力も生じよう。あるアブのように、片方の翅の動きを瞬間的に止めることによって、突然ま横にすっ飛んでしまうこともできる。が、ふだんのガガンボはそんな芸当はしない。

ガガンボの肢はじつに長く、糸のように細い。よくぞこのようにきゃしゃな肢ができ、よくぞそれを折ることもなく生きているると、見るたびにぼくは感動する。英語でガガンボのことをクレーン・フライ、つまり鶴バエというのもうなずけるが、肢の長さや細さはとてもツルの比ではない。おまけに幼虫時代には、親になったら必ず生えるこの長い肢は、影も形もみられない。その小さな芽が、ウジのような幼虫の体の中に、人知れずひそんでいるわけである。

ぼくはガガンボのもう一つの英名のほうが好きだ。それは、ある年齢の少女たちがたいていは抱くであろう夢の一つをみごとに描きだし、世界の少女たちの胸をふるわせてきた物語の主人公と同じものであるからだ。つまりそれは、ほかでもない「足長おじさん」――ダディー・ロングレッグズ。

オタマジャクシはカエルの子

オタマジャクシはカエルの子である。そんなことは大昔からだれでも知っていたが、オタマがどうしたらカエルになるか、しらべてみようと思いたった奇特な人がいる。そのグーデルナッチュという人は、いろいろなことを試みているうちに、甲状腺をオタマジャクシに食わせると、早く手足が生えてカエルになることを発見した。

甲状腺とは、人間ではのどぼとけのあたりにある内分泌腺で、甲状腺ホルモンというホルモンを分泌している。甲状腺の機能がさかんになりすぎると、甲状腺は腫れて、いわゆるバセドウ氏病になる。逆に甲状腺の機能が低下しても、甲状腺は腫れてくるが、このときには、バセドウ氏病の場合どんどんやせてゆくのとは反対に、体内の水がうまく排出されなくなって、水太りになってくる。顔付もバセドウ氏病ではけわしくなるのに、機能低下の場合には、むしろ無気力な柔和さをおびてくる。モナリザの微笑は、中世ヨーロッパの山国によくみられた甲状腺の機能低下症によるものだという説もあるくらいだ。

甲状腺のこういった医学的なことはかなりよくわかっていたのだが、まさかそれがオタマジャクシをカエルにすることにまでかかわっているとは、当時はだれも思っていなかったろう。けれど、ぼくも昔試してみたことがあるが、甲状腺をオタマジャクシに食わせれば、たしかに早くカエルになる。そのとき与える甲状腺はべつにカエルのでなくともよく、ウシやブタの甲状腺で十分である。ホルモンとは一般にそういうものなので、そこがおもしろいところなのだ。

甲状腺を食わせるよりもっと確実な方法は、甲状腺ホルモンの本体であるチロキシンという物質を、オタマジャクシの飼われている水の中に溶かしてやることである。そうすると、まもなく手足のもとになる部分が発育をはじめ、その一方、尾は小さくなりはじめる。それは、ホルモンの作用によって、尾のへりのほうから順に、細胞の「自殺」がはじまるからである。「自殺」した細胞は、とけて、その成分は血流に乗って手足原基のほうへ運ばれ、手足を作るのに使われる。ホルモンの指令のもとで、一方では破壊が、他方では建設が、並行して開始されるわけである。

この破壊と建設のプログラムは、きわめてデリケートに組立てられている。前のほうで、ホルモン(または甲状腺)を与えると、カエルになるのが早められる、と書いたけれど、これはほんとは正しくない。実際には、カエルのごときものになるのが早まるだけである。尾がくねくね曲がって短かくなったり、後足だけしか生えなかったりする悲惨なケースが多いのだ。

さらに最近、カエルになるのを促すのでなく、それを抑えるべつのホルモンが同時にはたらいていることがわかってきた。オタマジャクシは、池の中をチョロチョロ泳いでいるうちに、「やがて手がでて足がでて」カエルになる。けれどこの「やがて」とは、おそろしく複雑な自然のからくりのあらわれなのだ。

カエルには、ヒキガエル（ガマ）、アマガエル、アオガエル、アカガエルといろいろな種類がある。それに応じて、オタマジャクシも、そのカエルになりかたもさまざまである。

あの巨大なヒキガエルのオタマジャクシは、オタマの中ではごく小さいほうで、二月ごろ卵からかえって、六月にはもうカエルになってしまう。そのときの大きさは一センチ足らず。だれもガマの子とは思わない。ガマと同じくらい巨大なウシガエル（食用ガエル）のオタマジャクシは、二年もかかって五センチ近いカエルになる。けれど、どのカエルのオタマジャクシでも、カエルになるとき前記二つのホルモンが働くことは同じである。ホルモンはそれぞれに備わったプログラムを始動させるだけなのだ。オタマジャクシはカエルの子であるだけではない。それぞれのカエルの子なのである。

ウラギンシジミ・銀色の翅

台風が過ぎさって、一転めっきり秋らしくなった日ざしの梢に、銀色に光るものがキラリと飛ぶ。その正体もさだかにならぬうちに、この幻は消えてしまう。

これはウラギンシジミというチョウなのである。日本の関東以西の山すそに住む、美しいチョウである。鋭くとがった前翅の先と、銀白一色に輝く翅の裏面が、ほかのどのチョウとも見まがうことのないウラギンシジミの特徴なのだ。

淋しげな秋のチョウのイメージは、多くの詩人によって描かれている。けれどふしぎなことに、ウラギンシジミは、秋そのもののようなチョウでありながら、すこしも寂しさを感じさせないのである。それはきっと、このチョウが日光を好むからであろう。たとえ、日暮れ近くの時間に飛ぶことがあっても、それは生き生きと美しい秋の夕暮れの日の中であって、けっして、わびしい廃園にさす死にかけた光の中なのではない。

じつは、このチョウは一年に二回あらわれる。最初は七月、まだ若々しい緑のさなかである。

だがこのときには、ウラギンシジミはあまり目立つ存在ではない。たくましく茂った山の木々の梢に埋もれるようにして生き、もうだいぶ大きくなったフジの実、つまり豆に卵を産む。

この卵から育った世代は、秋のはじめ、夏の世代よりずっときびしい姿をしてあらわれる。翅の先はうっかり触れたら傷つくのではないかと思うほど鋭く、翅裏の銀色は純白に近い。

この秋世代のウラギンシジミは、チョウのままで冬をこす。かよわいチョウがどのようなところで冬の寒さに耐えているのか、なかなかわからない。

けれど、春の訪れとともに、生残った何割かのウラギンシジミは、フジの花を求めて、山をさまよい飛ぶ。それは、フジの花に卵を産むためである。

ふつう、チョウが花にくるときは、花のみつがめあてだと思われている。そしてそれは、一般的にいえば事実である。けれど、ウラギンシジミそのほかシジミチョウとよばれる仲間のチョウについていえば、これは必ずしも正しいとはいえない。シジミチョウの仲間には、幼虫が植物の花を食べて育つものが、意外にたくさんいるのである。幼虫がヤマツツジの花を食べるコツバメ、やはりフジの花を食べるトラフシジミなど。そのようなチョウの雌たちは、卵を産むために花を探すのである。

ウラギンシジミの親たちは、つまりこのチョウ自身たちは、何を食べているのだろうか。彼らが産卵のためでなく、自らの食事のために花を訪れることはほとんどない。この美しいチョウたちは、美しい花の甘いみつは口にしないのである。彼らは山道に落とされたけものの糞とか、うれて発酵しはじめた果実とかいった、「下品な」ものを好むのだ。

中学生のころ、東京のはずれの高尾山のふもとへ、ウラギンシジミを採りにいった。秋の空はますます青く、道に両側からせまる山は、そろそろ紅葉のきざしを見せていた。今ではもう近代的な姿に建てかわってしまっている家々も、当時はまったくの山村のおもかげをとどめていた。庭にはむしろの上にアズキが干してあり、そして一本の柿の木があった。

もうまっ赤に熟れた柿が、青い空にいくつも、輝やいていた。そして、その一つにとまって、熟した柿の汁を吸っているウラギンシジミの銀白の翅は、ぼくの目には何物にもまして輝やいて見えた。

捕虫網をかまえて、その柿の実をねらう。ここがむずかしいところなのだ。柿の実ごとすくってしまったら、網の中でウラギンシジミは柿の実につぶされてしまう。銀色の翅は、裂けたり破れたりしたうえに、柿の果肉でぐちゃぐちゃだ。実から飛びたつところをすばやくすくわねば……ぼくは全神経を集中してそのチャンスをねらっていた。たまたまそこへ二人のおばあさんが通りかかった。そのときほど恥ずかしい思いをしたこともあまりない。老婆は互いに顔を見合せて、「渋柿なのにねえ」と笑いながら遠ざかっていったのである。

ネコの家族関係

前にこの欄でネコのことを書いて以来、ぼくの家にはやたらとネコがふえてしまった。鰻屋の娘にはじまる一族が、ついひと月ほど前に生まれた四ヒキの赤んぼを含めて八ピキいる。おかげで家じゅうにネコのにおいがしみついてしまった。ぼくはもう感じなくなってしまったが、来客はびっくりするらしい。ネコ・アレルギーの人は、てきめんにくしゃみをはじめたり、鼻がくすくすするといいだす。要するに家じゅうがネコの巣になってしまったのだ。

けれど、ネコは巣というものを作らないから、このいいかたは妥当でない。ほんとうは、ぼくの家はネコたちのなわばりになってしまったというべきなのだ。

本来、一つのなわばりの中におすネコは一ピキ以上は住まないはずなのだが、そこは人に飼われた動物のこと、うちの一族の中の大きなおす二ヒキは、何のトラブルもなく、毎日をすごしている。トラブルがないどころではない、大きなおす同士がぴったり体を寄せあったり、重なりあったりして、眠りこけている姿は、なんだか異様である。全身に柔かい毛を生やすことを考えついた哺乳類は、体の触れあいの楽しみを、鳥や爬虫類にくらべて格段に増大させたらしい。ネコたちは何かというと、体のできるだけ多くの部分を触れあわせようとする。ネコがわれわれ人間にも体をすり寄せてくるのも、その一つにすぎない。人間ではこのような触れあいが、性的な文脈の中に閉じこめられる傾向があるけれども、それはほんとうは悲しむべきことなのかもしれない。

ネコたちは、よく窓わくの上に坐っている。そして真剣に外を凝視している。黒いのらネコがそこらを通らないか、自分たちのなわばりであるこの家へ侵入してこないかと見張っているのである。こういうときは、ぼくらが呼びかけてもめったに振向かない。振向いても、きわめて迷惑そうな面持ですぐまた外の監視をはじめる。

窓わくにねそべって、家の中を見ていることもある。そんなときにぼくらが通りかかると、目をあげて小さくニャーと鳴く。これは明らかにあいさつなのだが、何のためのあいさつなのだか、はっきりとはわからない。

おもしろいのは、このとき、こちらがじっとネコをみつめると、ネコが必ず目をつむることである。ネコが目をあけたとき、なおじっと見すえることを繰返すと、ネコはいきなり立上って、どこかへいってしまうことがある。それは明らかにこちらが悪いのであって、ネコにたいへん失礼をしているのだ。ネコがニャーと鳴いてこっちを見たら、こちらも何か声をかけながらネコをちらりと見てすぐに目をつむるべきなのだ。おすネコ同士も、どうやらこのあいさつをかわしているらしい。そういうところは、人に飼われていてもちっとも変化していない。

おそろしく変わってしまったのは、家族関係である。のらネコでは夫婦が子を連れて歩いたり、春に生まれた子が秋に生まれた妹の世話をしたりすることはない。ところが一つのなわばりの中に父も母も兄も姉も弟も妹もそろっていることになると、「ほほえましい」光景が生じる。父や兄は、はじめ子ネコに対してまるで魔物だと思っているかのように振舞う。母親のいないとき、眠っている子ネコたちのかたまりにおそるおそる近づいてゆくが、子ネコが目をさましてムクッと動くと、さも怖しそうに立去ってしまう。むりやり子ネコの上へ置いてやると、とびあがって逃げだす。おすが子ネコを攻撃しないためのシステムなのであろう。けれど、一か月もすると、大きなおすネコが子ネコたちの中にねころんで、ペロペロなめてやっており、母親は遠くで大の字の昼寝ということになる。姉さんネコにははじめから何の抑制もない。自分も母親の乳を吸いにゆき、ついでに子ネコたちをなめてやる。ネコも所詮は人間なのだ。

アメンボの物理学

ちょっと季節はずれになるけれども、アメンボのことを書きたくなった。この間、テレビの「生きものばんざい」というシリーズで、アメンボの映画を作ったのだが、それがたいへんおもしろかったからである。

だいたいアメンボというのはかわった昆虫だ。空中と水中には、どちらにもたくさんの昆虫がくらしているが、その境い目である水面を生活の場にしている動物はほとんどいない。アメンボはその代表者である。

アメンボとは飴ん棒の意味だそうである。事実、つかまえて体をかいでみると、甘い芋《イモ》飴のようなにおいがする。アメンボはこの飴ん棒に生えた長い六本の肢で、水面を巧みにスケートする。

肢の先にはこまかな毛が密生しているが、この毛は水をはじく油のような物質でうすくおおわれている。アメンボの肢を一本手にとって、水面に押しつけてみると、肢の先は水中へもぐることなく、水面をへこませてゆく。これがアメンボの水に浮く原理である。つまり、肢に体重をかけると、水面はへこむ。すると、水の表面張力によってそのへこんだ分に比例する力が上向きに働いて、アメンボの体を支えるのである。

春から夏、アメンボが浅い水たまりの上をのんびりスケートしているとき、よく見ると水底にアメンボの影がうつっている。その影の足の先には、ちょうどカンジキのような丸い影がくっついている。もちろん、アメンボは忍者ではないから、水上歩行ゲタのようなものなどもっていない。足の先にはとがった爪があるだけである。ならこの丸い影はなんなのだろうか？

じつはそれは水面のへこんだ部分の影なのである。へこんだ部分が大きければ、つまり、そこにかかった力が大きければ、影も大きくなる。だから、それぞれの肢の先の影の大きさを見れば、アメンボが今どの肢に力をかけているかがわかる。

そうしてみると、スイスイ水面にすべっているときのアメンボは、前肢と後肢に力をかけて、それで浮いており、中肢にはほとんど体重をかけないで、これをオールのように使って進んでいることがわかる。けれど、体、とくに大切な肢の先などをお化粧するときは、体重のかけかたがかわり、影は大きくゆがむ。

えさをとるときもそうである。前肢でえものをかかえるので、必然的に体重は中肢と後肢にかかり、それまで何もなかった中肢の影の先に、突如として黒いカンジキが出現する。

フランスのボードワン教授は、カタビロアメンボという種類で、アメンボの物理学を研究した。

特別な光学器械を使うと、水面の屈曲の様子が美しい縞もようとしてあらわれてくるので、こまかい分析が可能になる。そのとき照射する光を、赤とか緑の単色光でなく、白色光にすると、干渉の作用によって、逆に色とりどりの環が生じる。その環とともにすべってゆくアメンボは、夢のような存在になる。ぼくはすっかり魅せられてしまった。今度の映画をとるとき、日本のアメンボでやってみた。もちろん、日本のアメンボも、器械の中で美しい幻影として浮出した。

アメンボは、水面におちた虫を食べる。虫をみつけるのは、水面の振動による。つまり、落ちた虫が水面でもがくと、水面に小さな波が生じる。アメンボは肢の先でそれをキャッチし、そちらへかけつけてゆくのだ。アメンボと同じく、やはり水面をすみかとするミズスマシも、水の波でえものや異性をみつけだす。ミズスマシは水面に半ばめりこんで浮いているので目は上下の二つにわかれていて、前方の水面を見ることができない。

いずれにせよ、アメンボの生活の基盤は、水面とその表面張力である。洗剤などで水が汚染されてしまうと、水の表面張力は下がる。そのようなところでは、アメンボはもう浮いていられない。もがけばもがくほど、ずぶずぶと溺れこんでゆくだけである。

雪虫

あれは何年前のことだったろうか、二月に雪の大館へいった。戦争中の何カ月かをここですごした思い出をたどってみようかと、ぼくは大町を米代川のほうへ下っていった。通りの雪は片づけられていたが、米代川にかかる大橋のらんかんは、深々と雪におおわれていた。

もう夕暮れどきで、どんよりとした暗い空から、また雪がちらつきだした。川は鉛色で、川原はその生きものたちとともに、まっ白く雪にうもれていた。ぼくはふと橋のらんかんに目をやった。何か小さなものの動いている気配がしたからである。

どうせ風に舞ったごみだろう、と思ったのはまちがいであった。そこには小さな黒い虫が何百ピキも走りまわっていたのである。ぼくはえりを立てたオーバーのポケットから手を出して、その一ピキをつまんでみた。まぎれもないユキムシであった。

ユキムシの正式の名は、セッケイカワゲラという。幼虫時代を水中ですごし、親になると水辺を飛びまわるカワゲラという昆虫の仲間なのだが、セッケイカワゲラには親になっても翅がない。

まっ黒い体に生えたかなり長い足で、雪の上を歩きまわるだけである。

なぜ「セッケイ」かというと、この虫は夏、高山の雪渓でもたくさん見られるからである。とくに雪渓の下限あたりに多いように思う。暑い前山を登りつめて、やっと雪渓にとりつき、雪の上を吹いてきたひんやりした風に一息いれながら、足下の雪を見ると、この虫の姿が目に入る。一ピキの姿を目で追ってゆけば、あっちにもこっちにも、この黒い虫が動きまわっていることがわかる。

こんなところで彼らは何をしているのだろう？　登山などもうどうでもよくなって、ぼくはセッケイカワゲラを追いはじめる。彼らは何もない雪の上をまるで無目的に歩きまわっているだけで、何物も得ることはないように見える。

ぼくは雪渓が終わって冷たい水が流れでているところから、雪渓の下にできている空洞の中へもぐりこんでみる。そのあたりに彼らの秘められた生活があるような気がしたからである。予期に反して、そこには彼らの姿はなく、ぼくは凍りつくほど冷えきって、考えてみればこんなところにもぐりこむのはずいぶん危険なことだったなと気づきながら、空洞から這い出してくるのだった。

この虫に関しては、いまだに謎だらけである。何を食べているのか？　オスはどこでメスに出会うのか？　卵はどこへ産むのか？　幼虫はどこで育つのか？　そして、なんで酔狂にも、冷い雪渓の上や真冬の雪の上だけに姿をあらわすのか？

ぼくはK君の卒業研究でこの虫をしらべてもらうことにした。K君は京大山岳部に属しており、この研究にはうってつけなのである。彼が夏山、冬山へ出かけていっての観察と、持帰った虫の実験室での研究とで、いろいろとおもしろいことがわかってきた。

彼らはやはり、雪の上を歩きまわっているうちに、何か有機物にでくわし、それを食べているらしい。オスたちはまた、そうしているうちにメスにも出会う。出会ったら、いとも強引にメスにのりかかるが、いつも交尾に成功するとは限らない。親になってから、卵が成熟するまでには、意外と時間がかかるらしく、それまでの間、あてもなく歩きまわっているところが、ぼくらの目につくのだろう。

この虫は、雪の上を歩いているのだから、足のうらは、いつも零度の面にふれている。雪の上二、三ミリの所では、気温だって零度に近い。ふつうの昆虫なら寒さで麻痺して動けなくなるはずである。彼らの体が真黒いので、太陽の輻射熱を吸って体温をあげているのかとも考えてみた。けれど日が沈んだのちも、完全に曇った日にも、彼らは平気で歩きまわっている。彼らの筋肉はよほど特殊にできているにちがいない。他の虫たちにとっては死の世界が、ユキムシの目にはきっとまっ白い花園と映っているのだろう。

チンパンジーの認識力

われわれ人間にもっとも近い「動物」であるチンパンジーやゴリラは、いったいどのような精神的世界をもっているのか？　これは動物学的にも心理学的にも興味つきない問題である。

人間の手話をおぼえたワシュー、絵文字で才能のほどをひれきしたサラ、コンピューターで組合せ文を作ったラナなど、なかなか才たけたチンパンジーの令嬢たちは、彼女たちがなみなみならぬ知的世界をもっていることを示してくれた。

一方、ケーラーの有名な知恵試験以来、チンパンジーたちがある問題を解くにあたって巧みに道具を利用することも、今では周知のこととなっている。

最近ぼくはおもしろい論文を読んだ。それは、こういう問題を解くときに、彼らがいったいどれくらいその問題を認識しているのか、そして問題とその解決とをどれくらい関連させて理解しているのか、を知ろうとしたものであった。

チンパンジー自身に問題を解かせてしまうと、このあたりのことがどうもよくわからなくなる。

彼らが試行錯誤で問題を解いてしまったのか、それとも問題自体をきちんと「理解」し、何が解決であるべきかを洞察して解いたのかが、わからなくなり勝ちだからである。

そこでこの研究者は、人間が問題と「格闘」しているところをヴィデオにとり、それをチンパンジーに見せた。もちろん、そこでは問題が解決されるところまでは示されない。たとえば、高くて手の届かないところにあるバナナにむかって、人間が一生懸命背のびして、手を伸ばしている、という光景だけを見せる。そのとき、彼のわきには、箱が一つ置いてある。フィルムはカラーである。

それからちょっと間をおいて、チンパンジーに四枚一組の白黒写真を見せる。その一枚は、その箱をバナナの真下へ動かしてゆくところを示している。あとの三枚は、問題解決にはまず関係のない画面である。チンパンジーは、この四枚のうちから「正しい」ものを一枚えらんだら、鈴を鳴らして実験者をよぶよう要求される。驚くなかれ、すべてのテストで、チンパンジーは、ちゃんと「正解」をえらんだ。

もっと興味ぶかいのは、その次の一連の実験であった。ここでチンパンジーが見せられたフィルムは、四面が金網の部屋に閉じこめられた人間が、ドアをがたがたやっているところ、寒そうに震えながら、火のついてないストーヴをかかえているところ、石の床を掃除しようとしているのだがホースが水道の蛇口につながっていないので水が出ないで困っているところ、プレーヤーにレコードをかけるのだが、コードのプラグが差込んでないので、いくら耳をすましても聞こえないところ、という四つの情景である。前のとおり、それぞれのフィルムを見せられたあと、チンパンジーはそれぞれ四枚の写真を渡される。そのとき彼女がえらんだ写真は、第一のフィルムのときは鍵、第二のときは火のついたマッチ、第三のときは蛇口にホースのはまった写真、そして最後のときはコンセントにプラグの差込まれた写真であった！

このチンパンジーは明らかに今何が問題であるか、そして、どうしたらそれが解けるかを、はっきり認識していたと考えるほかあるまい。すこし間のぬけた人間より、ずっと情況判断がすぐれているではないか。チンパンジーたちは、世界をじっと眺めながら、相当なことを認識し、把握しているのである。（もっともぼくは、ネコやイヌを見ていても、彼らが世界の情況をかなりよく認知しているように思うのだが……）

この論文を書いたのは、プラスチックのプレートで雌のチンパンジー、サラに文章を作らせ、some of… とか any… というように、われわれ日本人には難解な構文をサラがみごとに理解することを示したプレマック教授である。そして、このすばらしい能力を示してくれたチンパンジーは、またしてもきっての才媛にちがいないサラその人であった。

蝶の論理

春になると、美しくチョウが舞いでてくる。それは季節のきまりのようなもので、なんのふしぎもないことのように思える。

けれどよくみていればわかるとおり、どのチョウはいつごろ、どのチョウはいつごろ、ということが、チョウの種類によってきまっている。関東地方ではモンシロチョウは、毎年三月二〇日ごろにその白い可憐な姿をあらわすが、アゲハチョウは四月にならなければ姿を見せない。

このチョウのカレンダーはかなりきっちりとしたもので、年によって多少の変動はあるとはいえ、それが一カ月もずれたりすることはない。冬の気温のほうは、今年は暖冬異変だ、大雪だ、と毎年のように異例がつづくことを思えば、チョウのこよみの正確さは、むしろふしぎというべきなのである。

春の女神ギフチョウといえば、今ではたいていの人が写真では知っている。早春、つまり三月の末から四月の始めにかけて、まだ木の芽もふかない山すそに、人知れずその姿をあらわす。訪れるのはカタクリの花。かってはその根からデンプンをとったといわれるユリ科の美しい植物の花である。

ギフチョウは年に一回だけ、この季節にあらわれる。なぜそのようなことになるのか、なぜそれ以外のことにならないのか、ふしぎに思ってしらべてみた。その結果は、平凡社の月刊誌『アニマ』をはじめ、すでにいくつかの雑誌に書いているので、ご存じの方も多いかもしれないが、ここであえて述べてみる値打もありそうに思う。

ギフチョウの幼虫は、カンアオイとよばれる非常にかわった植物の葉を食べて育つ。早春にあらわれたギフチョウは、やがて交尾し、雌はカンアオイの葉のうらに、真珠のような光沢のある卵を、数個から十数個かためて産みつける。

この真珠からかえるのは、まっ黒い毛虫である。これがあの美しいギフチョウの幼虫かと、疑いたくなるような毛虫である。ただしこの毛虫は、ぜったいに人をさしたりすることがない。

毛虫はカンアオイの葉をむさぼり食い、六月のはじめにはサナギになる。六月いっぱい、サナギはまわりの温度とは関係なく、ひたすら休眠する。そして七月になると、なぜだかまったくわからないが、休眠からさめる。

けれど、そのころから始まる夏の暑さが、サナギからチョウへの変化をおさえる。チョウへの歩みが始まるのは、野山に涼風のたつ十月である。

けれど、ふたたびそこで、今度はたちまちにして訪れる秋の夜の寒さが、チョウへの歩みをにぶらせる。チョウの姿ができあがるのは、その年の末、十二月ごろである。

木枯の吹くこの寒さのなかで、やっとできあがった春の女神は、かたいサナギのからのなかで、じっと冬の寒さに耐えつづける。

長かった冬も終わりに近づき、寒さがゆるんでくると、女神の衣はいよいよ最後の仕上げにかかる。それとともに囚われの身の女神は、サナギのからをとかす液体を分泌しはじめる。こうしてまもなくサナギのからは割れ、いよいよ女神が、自由の姿をあらわす。

温度に対する反応にもとづいて組まれたこのカレンダーが、ギフチョウの一年をきめていく。そしてギフチョウは、毎年早春のある一定の時期に、春の女神として舞いでるのである。

ほかのチョウでも、基本的には同じことだ。いずれも冬の間は、じっと寒さに耐えて眠っている。そしてじつは、この一定期間寒さを過ごすということが、春を迎えるために積極的に必要なのである。秋の終わりから寒さにあわせず、ヌクヌクと暖めてやった過保護サナギは、ついにチョウになることなく死んでしまう。つまりチョウたちは、冬の寒さを受身的に耐えているのではない。彼らはきびしい寒さを要求しているのである。暖冬の年の春、チョウたちの姿は例年よりも減ることが多い。

チョウの美しさは、その大部分を鱗粉に負うている。鱗粉はしかし、単に翅の表面にばらまかれた粉ではない。それはこまかな毛の変化したもので、翅の表面に一枚ずつしっかり生えている。チョウやガのように、翅に鱗粉をもつ仲間を「鱗翅類《りんし》」というが、この鱗翅類にいちばん近いのが、「毛翅類《もうし》」とよばれる虫である。毛翅類はつまりトビケラの仲間で、幼虫が水のなかにすむために、水辺に多く、夜、電灯にとびこんでくる。親の姿は一見ガに似ているが、あまりそれと意識されることもなく、したがってわれわれにはなじみがうすい。

けれど、その幼虫のほうは、昔からよく知られている。つまり、トビケラの幼虫は、川や池の底に、小石や木の枝を糸でつづって、あたかも水中のミノムシのような形で生きている。古くからイサゴムシとよばれるのがこれである。

かつて、岩国の錦帯橋の付近では、人形石というものが知られていた。石ころがいくつかつづりあわされて人形と見えるものが、川のなかからとれるのである。これはトビケラの一種、ニンギョウトビケラの幼虫がつくった巣なのである。

最近では、このトビケラの仲間が水力発電所の導水路に大量に住みつくため、水の流れがおそくなって、発電能力が落ちるという問題がおこっている。

この毛翅類の親には、まさにその名のとおり、翅(面)にこまかな毛が生えている。鱗翅類ではこの毛が鱗粉となっているのである。一枚の鱗粉は一個の細胞で、それが翅の表面にがっちりとくっついた「ソケット細胞」とよばれるもう一つの細胞のなかを突きぬけて、外へ伸びだしている。もともとは毛であったものが平たく広がり、いろいろな色の色素を含むようになった。それとともに、電子顕微鏡下で美しく見える縦横のすじや隆起、こまかな仕切り、薄層構造などがあって、これが光線を乱反射させたり、屈折、回折干渉させることによって、さまざまな光沢や虹色の光を生じる。そしてさまざまな色の鱗粉の配置によって、あの幻想的なチョウのもようができあがってくるわけである。

チョウの翅を二十倍ぐらいの拡大鏡で眺めてゆくと、一見明確な境界をもつと思えた模様も、ヘリの部分では鱗粉が入り乱れていて、けっしてはっきりした境界は存在しないことがわかる。とはいえ、それは無限定ではない。大局的に見れば、はっきりした模様が、どの一匹をとっても、同じ種のチョウならほぼ同じように描かれている。きわめていいかげんでありながら、ちっともいいかげんではないのが、生きもののふしぎなところである。

けれど、鱗粉はただお化粧のためにあるのではない。うっかりしてクモの巣にひっかかったチョウは、鱗粉だけを残して飛去ってしまう。冷い秋雨の日でもはげしい夕立のなかでも、チョウはまったくぬれることを知らない。鱗粉が水をはじき、屋根がわらのように並んだその配列によって、水滴を次々と流し落としてくれるからである。

チョウは文句なしに美しい。しかしほかの多くの動物と同様に、より美しいのはオスのほうである。メスは色ももようもずっと地味で、よく装飾品に作られるあの青く光る美しいモルフォチョウも、メスは褐色でおよそ冴えない色をしている。

けれど、その美しいオスはひたすらメスの翅の色に魅かれる。つまり、チョウのオスは、メスの翅の色を目印にして、メスをみつけ、急いで飛んでいって、思いをとげるのである。

このとき、メスのチョウの翅の色は、まさに目じるしなのであって、それ以上の何物でもない。ただの紙切れに色をぬって、適当な場所においてやれば、オスはおろかにもそれに飛んでくる。紙の形などは、極端にいえばどうでもよい。四角でも三角でもかまわないのだ。

アゲハチョウはオスもメスも黒と黄の縞もようをもっているが、オスはこの黒と黄の縞もように魅きつけられる。黒い四角いボール紙に、翅の黄色い部分をいくつか貼りつけた「モデル」を作り、アゲハのオスがメスを探して飛びまわっているところに出してやると、オスはほんもののメスに対するのと同じ真剣さでこの紙モデルに飛びついてくる。

もっと驚いたことに、この縞は黒と黄でなくともよい。黒と緑の縞でも一向にかまわないのである。とはいえ、黒と青ではさすがにだめだし、黒と赤でもいけない。そして黒と黄の場合でも、特定の黄色でなければ、オスはそれをメスの目じるしだとは思わない。

そして、飛んできたオスはまずこの紙モデルにさわり、それがほんもののメスでないことをすぐに悟る。オスの行動は、それ以上には進まず、オスは飛び去る。それはあたかも、われわれが髪の長い男の後姿を見て、一瞬女の子かなと思い、近寄ってその顔を見たとたんオエッとなるのによく似ている。

抽象ということは人間独自のものだなどと考えてはいけない。チョウのオスにとって、メスはまず第一に抽象的な目じるしとしてとらえられる存在なのである。そしてすぐれた抽象能力は、たいへんすばらしいものであるとともに、目じるしやスローガンによってだまされやすい素地を作りだすことにもなる。女は即物的だが、男は抽象性・論理性が高いと自他ともに許している男どもは、よくよく注意する必要があろう。スローガンのために戦争をおこしてきたのは、どうももっぱら男であったような気がする。

オスが翅の色を目じるしにしてメスをみつけるだけでなく、チョウはすべてにわたって、色に導びかれて生きている。花を探すとき、チョウはもっぱら花の色に魅かれる。花の香りは、どうやらチョウのためのものではないらしい。チョウは匂いのないホンコン・フラーワーにも飛んでくるし、形も花とは似ても似つかぬ四角い色紙にさえやってくる。そしてとまる前から口吻をのばしてミツを探る態勢にある。

卵を産もうとするメスのチョウは、やはり緑の色に魅かれて植物をみつける。そのとき彼女たちは、自分が卵を産むべき植物——モンシロチョウならアブラナやキャベツ——に似た形の葉と植物を探してゆく。モンシロチョウがイネ科の草に関心を示すことはまずないが、道ばたのオオバコにはかなりの興味を示す。オオバコの丸い葉は、アブラナ科植物の葉の形に似ているのである。

こうしてチョウは、日のさすかぎり、あちらこちらと飛んでまわり、目で色や形をもとめてさまよう。彼らの目は、せいぜい五〇センチから一メートル先までしか見えないから、この広い世界のなかからめざすものをみつけだすには、そこらじゅうをくまなく探しまわることが必要である。それが無心にヒラヒラと飛んでいるチョウたちの姿なのだ。

けれど、チョウたちはこのいつはてるとも知らぬ探索行を、苦痛とは思っていないにちがいない。彼らはそよ風に乗り、あせることもなく、ヒラヒラと飛んでいる。それはきっと楽しいとすらいえる状態なのであろう。やさしい風に翅を開いて滑空している姿には、やはり一種のやすらぎをおぼえる。それはチョウ自身にしても同じにちがいない。

チョウの生活を解析してゆくことが、チョウに託したわれわれの夢を損うとはぼくは思わない。それはチョウというものをより深く知ることによって、その美しさをもっとしみじみ感じうることにつらなってゆくのだろう。

KiKi

ホタルの光

ホタルが古くから人の関心をひいたのは、その光によってである。ホタルはなぜ光るのだろうか?

生物についてよくいわれるように、この「なぜ?」には二通りの答えがある。一つは「どのようにして光るのか、光ることができるのか?」ということである。

一八八五年というから、かれこれ一〇〇年近く前、フランスの生理学者のデュボアという人が、ホタルではないが、やはり発光する甲虫であるヒカリコメツキを使って、おおよそ次のような実験をした。

この虫は、夜、電灯などに飛んできて、あおむけに置くと、パチンと音をたててはねあがるコメツキムシの仲間であり、ホタルと同じように発光器をもっている。このヒカリコメツキの発光器を切り出し、それを水中ですりつぶしてしばらくおくと、やがて光は消えてしまう。もう一匹の発光器を切り出して、沸騰している湯のなかですりつぶすと、とたんに光は消える。

ところが、二つながら光の消えてしまったこのすりつぶし液を両方まぜあわすと、また光りはじめるのである。

このことからデュボアは、この虫が光るには二つの物質が必要で、一つは熱によって破壊されないもの、もう一つは熱によって破壊されてしまう酵素様のものだと、考えた。そして、光の担い手であった悪魔ルシファー（ルシフェル）に因んで、前者をルシフェリン、後者をルシフェラーゼ（アーゼという語尾は、酵素を意味する）と名づけた。ルシフェリンにルシフェラーゼが作用することによって、光が生ずると考えたのである。

その後、いろいろと詳しいことがわかってきたけれども、デュボアのこの考えかたは、基本的には今日なお採用されている。ルシフェリンとルシフェラーゼはどちらも純粋の結晶として、とりだされており、ホタルの種類によってルシフェリンの分子構造がわずかずつちがい、それに伴って、光の色も、すこしずつちがう。

ホタルをあおむけにして見ると、腹の先が白くなっているが、これが発光器である。白くみえるのは、いちばん奥の白い「反射板」が、透明な発光器の本体と、やはり透明な皮膚とをとおしてみえるからである。

この発光器は、ほっておいてもかすかに光る。死んだホタルもほのかに光るし、頭を切落したホタルは長い間ぼんやりと光りつづけるが、ちゃんと光るためにはやはり脳からの指令が必要である。例えば、頭を切落してしまったホタルの胸のあたりに電極をさしこみ、電気を通じて、強引に脳の指令のまねごとを与えてみると、そのたびにピカッと光ることもわかっている。

あとで述べるように、ホタルの光りかたは種によってちがい、また同じ種でも、雄、雌によってちがう。そのようなちがいは、いずれも脳の指令のしかたのちがいにもとづくものである。

ホタルがなぜ光るのかという問いに対する第一の答えは、これくらいでやめておこう。この先はかなりしちめんどくさい話になるだけでなく、まだよくわかっていないことも多いのである。「なぜ光るのか?」に対する第二の答えは、「なんのために光るのか?」ということである。

昔は動物のなんらかの行為を「擬人的」、「目的論的」に解釈することを極度に避けようとしたあまりに、「なんのために?」という問いを発することは、非科学的であり、素人的であるとして非難された。その結果、鳥はただ鳴きたいから鳴くのである、といった説明がもっとも正しいとされた。このいいかたをもってすれば、ホタルはただ光りたいから光っていることになる。

けれど、それではなんの説明にもならないし、いっこうに科学的だとも思えない。ホタルの雄が飛びながら光を発し、草むらにとまっている雌がちらっと光ると、急いでそちらへ飛んでいくというようなことがみられる以上、ホタルの光は雄と雌の交信に使われているのだと信じられるようになった。

アメリカのあるホタルで、くわしい研究がおこなわれた。まず、飛んでいる雄の近くで、小さな懐中電灯をちらっとつけてみると、雄がその光のところへ飛んでくることがある。雄にとって雌の光は、やはり雌の存在を知らせる大切な信号らしいことは、ますますたしからしく思われた。けれど、事態は予想以上に複雑であった。最終的にわかったのは、次のようなことである。このホタルは、地面に近い低いところを、波形に飛ぶ。波の谷から谷の間は時間にして六秒かかる。雄はこの谷に近づくごとに、つまり六秒ごとに、二分の一秒間、黄緑色の光を発し、それとともに急上昇する。そこでJ字形の光が暗闇の中に点滅することになる。

雌は草むらにとまっているが、雄のこのJ字形の光が自分のごく近くに見えたら、二秒間おいて二分の一秒だけ光る。雄はそれをみつけたら、方向をかえ、さっきと同じぐあいに光る。雌はまたそれに答える。こうして、雄は雌の近くをいきつもどりつして、ついに雌のところへ到達し、交尾するのである。

雄が光ってから雌が答えるまでの二秒という間隔が、雄にとってはきわめて重要である。この間隔がわかってから、研究者は懐中電灯の光によって、自由に雄のホタルを呼びよせることができるようになった。

ホタルにはたくさんの種類があるが、種によって光の色ばかりでなく、雄の光りかたもちがい、それに対する雌の答えかたもちがう。ある種はチカチカチカと光って一秒休み、ある種はピカー、ピカーと光る。日本のヘイケボタルはわりとせっかちな光りかたをし、ゲンジボタルはもっと長

く光っては、長く間をおく。まっくらな夏の夜のなかを、いろいろな種のホタルが飛びかってい
ても、このような光りかたのちがいによって、ホタルたちは互いに自分と同じ種の異性を正しく
みつけだすことができる。

フロリダ大学のジェームズ・ロイドは、電子発光装置と電子測定装置を使って、人工的に標準
からずれた雄の光を発してみせ、それに対する雌の反応がどれくらい狂ってくるかをしらべてみ
た。その結果、この信号のシステムは多少の狂いがあったにしても雌がちがった種の雄に答えて
しまうことはないくらい正確にできあがっていることを知った。

ところがその後、ホタルの世界には恐るべき悪女のいることが、明らかになったのである。ロ
イドと並んでホタルの研究者として知られているバーバーは、こんなことを観察した。ある小形
のホタルの雄が光り、草むらから正しくこの種の雌の答えがあった。もちろん雄はその答えた雌
のところへ飛んでいった。バーバーが懐中電灯でてらしてみると、なんとそこにはまったくべつ
の種の大きなホタルの雌がいて、今飛んできた小形のホタルの雄に、おそいかかろうとしていた
のである。

同じことはロイドも経験した。このときには、現行犯であった。この大きな悪女はだまされた
小さな雄をむさぼり食っているところだった。

この大型種のホタルの雌は、いくつかのちがう種のホタルの信号のシステムをちゃんと「知っ

て」いて、それぞれの方式でにせの答えを発し、雄をだまして呼びよせては食べてしまうのである。ローレライやセイレネスをはるかに上まわる悪女ではないか。

とはいえ、すべてのホタルが光るわけではない。日本にもオバボタルなど光らないホタルがたくさんいる。また、ヨーロッパのツチボタルの仲間は、ホタルらしい姿をした雄は光らず、翅もなくて、到底ホタルとは思えないまるで大きなウジのような雌だけが光る。そこでこのホタルはグローワーム、つまり「光りウジ」とよばれている。だから英語でホタルをさすことばには、ファイヤーフライ（火のハエ）とグローワームの二つがある。ホタルはほんとうはカブトムシなどと同じ甲虫（ビートル）なのに、ファイヤービートルともグロービートルともよばれていないのはふしぎである。

それはともかくとして、一〇年ほど前、このグローワームで、じつに興味ふかいことが発見された。

この話にはすこし前置きが要る。人間をはじめ、すべての哺乳類、鳥、魚、それにトカゲやカメのような爬虫類、カエル、イモリのような両生類をふくめた脊椎動物では、大人になった雄、雌の特徴は、いわゆる性ホルモンの働きによって生じる。だれでも知っているとおり、人間の男のひげは男性（雄性）ホルモンによるものだし、女の色っぽい体つきは女性ホルモンの作用によ
る。

ところで、雄と雌の体つきや形がちがうのは、人間や脊椎動物にかぎったことではない。雄と雌というものは、どうやら全動物界を通じてちがうものであるらしく、カブトムシの雄雌に典型的にみられるとおり、昆虫でも雄雌の形や色はちがうのである。形や色ばかりでなく、感覚や行動も雄と雌ではちがう。「やっぱり男ってちがうのね」というような嘆息は、昆虫の世界にもありうるのだ。

だとすれば、昆虫にも性ホルモンがあるにちがいない。人間その他の脊椎動物では、性ホルモンは生殖腺から分泌される。男性ホルモンは精巣から、女性ホルモンは卵巣から、というわけである。だから、子どものころに精巣をとってしまった動物は、ちゃんとした雄の姿になることができない。きっと昆虫でも同じようになっているはずだ。

われこそは昆虫で性ホルモンを発見してやろうと思いたった人は、あちらにもこちらにもいたらしい。いろいろな研究者が、いろいろな昆虫で、精巣を取除く実験をしている。けれど、結果はどうみても思わしくなかった。

サナギのときに精巣をとりさってみても、立派な雄のチョウがかえってくる。サナギではもうおそかったのだ。つまり、親のチョウの雄らしい特徴を生じる性ホルモンは、もっと早くから働いていたのだとも考えられるから、今度は幼虫のときに手術をする。それでも、立派な雄が生まれてくる。それではもっと早く、ごく小さい幼虫のときに、というので、たいへんな苦労をしてごく若い幼虫の精巣をぬきとった人もいた。けれど、べつにどうということはなかった。

一方では、雄、雌のサナギを、それぞれ半分に切り、半分ずつくっつけてみた人もいる。この実験はなかなかうまくいかない。たいていは死んでしまうのだが、うまくすれば、ちゃんとくっついて生きのびる。なんのためにこんな実験をしたかというと、もし雄には雄性ホルモンが、雌には雌の性ホルモンがあるとしたら、それを二つくっつけたら全体として、雄とも雌ともつかぬ中間的な親ができてくるはずだからである。

だが、やはり期待ははずれた。うまく生きのびたサナギは、例えば左が立派な雄、右が立派な雌、という親になってしまったのである。サナギでは時期がおそすぎるというので、なんと卵を二つにわってくっつけた人もいる。けれどやはり失敗であった。

そのような空しい研究がつづけられたあげく、とうとう人びとはあきらめた。そして結論した――昆虫には性ホルモンは存在しないのだと。

ところが、一九六〇年ごろ、ブリュッセル自由大学のジャクリーヌ・ネースというお嬢さんが、まさにグローワームで雄の性ホルモンを発見したのである。

グローワームの幼虫は陸生で、木の皮の下などにひそんでおり、ときどき出歩いてカタツムリを食べる。因みにこういう陸上生活をするのがホタルとしてはむしろ普通のことなので、幼虫が水の中に住む日本のゲンジボタルやヘイケボタルはちょっとかわっているのだ。

前にも述べたとおり、ツチボタルの親は雄と雌でまるでちがうが、注意してみると、幼虫のときにも、雄と雌を区別できる。ジャクリーヌは雄の幼虫と雌の幼虫の背中にそれぞれ穴をあけ、背中あわせにくっつけてみた。

おどろいたことに、雌はまもなく雄化しはじめたのである。体のなかの脂肪が雄型になり、卵巣は発育を止め、崩壊していったばかりか、精巣にかわりはじめた。

雄にならせるホルモンが存在することは、もはや確実であった。ジャクリーヌはあらかじめ、精巣をとった雄の幼虫と正常な雌の幼虫をつないでみた。こんどは雌は雄化しなかった。

そこで、雌の幼虫に雄の幼虫からとった精巣を植えこんだ。雌は完全に雄になった。

こうして、ツチボタルという昆虫で、昆虫にも性ホルモンの存在することが明らかになった。けれど、ほかの昆虫ではいまだにこのようなホルモンはみつかっていない、なぜツチボタルにだけ性ホルモンがあるのか、その理由はまったくわからないままである。

コオロギの歌

「コオロギはなぜ秋に鳴くか?」という副題の本がある。弘前大学の正木進三さんが書いた『昆虫の生活史と進化』(中公新書)である。

たしかにコオロギは昔から秋の虫ときまっている。コオロギがツヅレサセと鳴くという日本古来の表現も、秋が深くなってきたから、衣のつづれを縫っておけ、という意味だというし、イギリスの作家、ディケンズの作品『炉ばたのコオロギ』のタイトルも、はや冬の近いことを思わせる。事実、忙しく過ごしてゆく日々の、ふとなにかの折に、わびしげに鳴くコオロギを耳にすると、ああ今年ももう秋になったなと、一種さびしさを感じざるをえない。

なぜコオロギは秋に鳴くのか、秋にしか鳴かないのか? 正木教授はこれにまつわるさまざまなことから、進化の問題までをくわしく述べようとしているのだ。

コオロギは秋に卵を産む。メスの腹の先にある長い産卵管をとおって土のなかに産みこまれた卵は、翌年の春まで、じっと休眠状態ですごす。多くの昆虫の卵のからは、かたく丈夫で、水をほとんど通さない。コオロギの卵も、冬のかわいた土のなかで、じっと耐えている。

春になって雨が多くなり、土がしめってくるころ、卵のからにある水孔という穴が開き、卵は急激に水を吸いはじめる。それとときを同じくして卵は発生を開始する――つまり、卵のなかで、小さなコオロギの幼虫の体が作られはじめるのだ。水を吸うことが発生を開始させるのか、発生が始まったから水を吸うようになるのか、そこらへんはまだどうもはっきりしていないようである。

こうしてまもなく、小さなコオロギの子が誕生する。子どもたちはてんでに地面から顔を出し、もうだいぶ茂りだした若草の間へ姿を消す。夏至をすぎ、本格的な夏がくるまで、彼らは着々と成長してゆく。

夏は日が長いとだれもが思っているけれど、よく考えてみれば、いちばん日の長いのは夏至の日で、それ以後、日はすこしずつ、だが確実に短かくなっているのである。一般にコオロギ類の子は、日の長さに敏感である。つまり、夏が盛りに近づいていって、日の長さがある限度以下に短くなると、コオロギの子は、急に早く成長しはじめるのだ。

こうして彼らはたちまちのうちに親になり、オスはその翅をふるわせて鳴きはじめる。それはちょうど夏の終わりから秋のはじめである。

同じ種のコオロギでも、卵を早く産むメスもあり、おそく産むメスもある。気の早いメスは、秋口のまだ暑いうちに産んでしまう。そんな卵が早くかえって、秋の短い日のもとで、どんどん成長し、春になったら早速親になって鳴きだす、ということはないのだろうか？

わかりきった話だが、そんなことはないのである。暑いうちに産まれた卵ほど、「休眠が固い」――つまり、長期間寒さを経たのちでないと、たとえ温度が高くてもぜったいに発生を開始しないのである。その逆に、秋おそく、もうかなり寒くなってから産まれた卵は、休眠が浅く、すこし寒さにあっただけでも、暖かくさえなれば孵《かえ》ってしまう。こうして、早く産まれた卵も、おそく産まれた卵も、みなそろって翌年の春に孵るように、いいかえれば、翌年の春にならなければ孵らないようになっている。だからコオロギはどうしても秋にしか鳴けないのだ。

ところが、生きものの世界は多彩である。春に鳴くコオロギもじつはちゃんといるのである。『昆虫記』で有名なファーブルは、かつて南フランスのコオロギを「復活の春の喜びの合唱者」とたたえた。日本にも春のコオロギがいる。

今まで述べてきたのは、正木先生の研究した多くのコオロギのうちの、エンマコオロギ――草原にいる大きなコオロギで、ヒョロヒョロリーと鳴く――についてであるが、えぞ地に住むスズムシという意味で「エゾスズ」とよばれるコオロギは、春から初夏にかけて鳴くのである。

エゾスズは初夏に卵を産む、この卵は休眠などしないで、すぐに孵る。だから、エゾスズの子は、ふつうのエンマの子より、わずかだけおくれて育ってゆくわけである。

このままでいくと、エゾスズは秋に鳴くことになってしまうのだが、もちろんそうはならない。日の長さに対する反応が、エゾスズとコオロギとでは正反対なのである。つまり、夏が終りに近づくと日が短くなり、エンマコオロギの子は成長が早まるのに、エゾスズの子の成長はぐっとおそくなってしまうのだ。

そこで秋が近づいても、エゾスズの子は遅々として成長しない。やがて冬がくると、エゾスズの子は、子どものままで冬をすごす。

そして翌年の春、暖かくなるとともに日が長くなると、長い日長に反応してエゾスズの子は急速に成長をはじめ、まもなく親になって鳴きだすのである。

このようなことになっていると、たとえ二つのごく似かよった種が混棲していても、親になる時期がこのようにちがうので、自然の状態で両者の雑種ができることはない。

もし、一つの種のコオロギ（もっと一般的にいって、一つの種の昆虫といっても差支えない）のうち、一部の個体の日長に対する反応のしかたが、もともとは同じ仲間のそれとちがってきたとすると、この新しい反応をする個体は、もはやもとの仲間との間で子孫を作ることは不可能になり、新しい種になってゆくのではないかと考えられる。

ところで、そろそろ話題をかえて、コオロギのコオロギたる鳴き声のことに移ろう。ホタルについて、ホタルはなぜ光るかを問うたからには、コオロギについてもコオロギはなぜ鳴くのかとたずねるべきであろう。

ホタルのときと同様に、この「なぜ」を二つに分けるならば、その一つに対しては、きわめて明快に、「コオロギはメスを呼ぶために鳴く」と答えることができる。

だれでも知っているとおり、コオロギはオスだけが鳴く。鳴きかたは種によってきまっており、耳のいい人なら、鳴き声だけでもなんという種のコオロギかを聞きわけることができる。

昔、日本にはオカメコオロギという種が知られていた。ところが松浦一郎さんという音響学の研究者で、コオロギのことにも並々ならぬ関心をもっていた人が、その鳴き声をきいてみると、どうしても三つのちがうタイプにわけられることがわかった。しかも、その三つのタイプは、入りまじっているのではなく、住み場を異にしているのである。松浦さんは、それまで一種とされていたオカメコオロギを、タンボノオカメ、モリノオカメ、ハラノオカメの三種に分けた。この三種は形の上ではほとんど区別できぬほどよく似ているが、やはりまったくべつべつの種だといわれている。

こう聞くと、なんだか日本ではどこにいってもオカメばかりいるような気がしてくるが、この話はコオロギの鳴き声が、コオロギ同士のオス、メスの認知にいかに重要なものかを知らせてくれる。アメリカのコオロギについても、同じような話がある。

コオロギのオスが鳴いていると、近くにいるメスは耳ざとくその声をキャッチする。コオロギはオス、メスとも耳をもっているが、それはとんでもないところについている。

コオロギの鳴き声が口やのどから出されるのでなく、左右の前翅をこすり合わせて出されるのと見合って、コオロギの耳は、前肢のすねにあたる部分にある。そこには縦に細い裂けめがあり、音波はここから奥へ入って、なかに張られた鼓膜を振動させる。その振動の大小が感覚神経で脳へ伝えられ、しかるべき行動をおこさせるのだ。

もちろん耳は左右の肢にあるから、コオロギは音がどの方向からくるかを知ることができる。メスは音源のほうへ向きをかえ、小走りに走りだす。鳴き声がやむと、メスは一、二秒で走るのをやめ、おそらくはじっと耳をこらして立止っている。オスがまた鳴きだすと、メスは再びそちらのほうへ進む。

なにかに魅せられたものの弱みとでもいうのだろうか、メスはオスがそこに実在しなくても声だけでその声の源へ走りよる。オスの鳴き声を電話できかせてやると、メスは電話の受話器のところに集まってくるのだ。ミツバチのダンスことばの研究で有名なオーストリアのフォン・フリッシュ教授は、一般向けの教科書『あなたの生物学』のなかでこの話を紹介し、その章を「コオロギの奥さん、お電話ですよ」と題している。

こうしてオスのコオロギの声を、じかに電話で聞かせたり、テープにとって流してやったりすれば、メスを誘引することは容易である。ところが、それと同じメロディーを楽器で合成して聞かしても、メスは知らん顔していることが多いのである。この際、オスの姿や匂いがないことは問題にならない。電話でもテープでも、オスの実体がそこにないことは同じだからである。

いろいろと研究がされた結果、コオロギでも、あるいはさらに、あの美しいメロディーで鳴くスズムシやマツムシでも、メスはオスの声のメロディーではなく、強弱のリズムをききわけているのであることが明らかになった。たとえばマツムシなら、極端にいえばなにか適当なものをたたいて、カン、カン、カンという音をきかせれば、マツムシのメスに対しては、それがあのチンチロリンという、古来日本人に賞でられた鳴き声と同じ効果を発揮するのである。

たくさんのちがう種のコオロギがさかんに鳴いているなかから、メスはこのリズムを目印(耳印?)にして、自分と同じ種のオスのもとへ走るのである。

ところで、オスの鳴き声のリズムは、気温が高いと早くなる。そして、その結果、ちがう種のリズムと同じになってしまうこともある。そこで、オスとメスをべつべつの容器に入れ、オスの入った容器のほうだけ温度をあげてやると、その種のでなく、べつの種のメスが近寄ってこようとすることもおこりうる。

自然界でこんなことになったら、どんより暑い夜には、まさに風紀の乱れどころではなく、異種間の雑交が頻発することになろう。けれど自然はよくしたものである。そのようなときには、気温はメスにも同じように作用する。つまり、メスの感覚のほうのリズムも早まるので、なにも困ったことはおきないのだ。

しかし、じつはコオロギはただメスを呼ぶためだけに鳴いているのではない。同じ種のコオロギでも、よくきいていると、すくなくとも何通りかかなりちがった鳴きかたをする。ふだんわれわれが耳にしている長くひくような声は、セレナードとよばれ、その名のとおり、遠く離れたメスに向かって、「来れ、わがもとに」と歌っている声である。対象が特定の女性でなく、不特定多数のメスであって、そのどれがきてくれてもよいところが、由緒正しいセレナードと決定的にちがう点である。

いよいよ一ピキのメスがそばに現われると、鳴き声はずっと控え目でささやくようなラブ・コールにかわる。セレナードの最中に、よけいなオスがまぎれこんだりすると、チ、チ、チというようなはげしいライバル・ソングで追い払う。

こういういろいろな鳴き声は、翅の動かしかたのちがいによるものだが、その「楽譜」はどこにしまってあるのだろう？　ドイツのフーバーがこれを詳細にしらべあげた。フーバーはコオロギの脳のあちらこちらを電気で刺激すると、場所によってきまった歌を歌うこと、逆に脳のあちこちをこわしてみると、場所によって特定の歌が歌えなくなることを知った。

これだけから考えると、楽譜はやはり脳にしまわれているようにみえる。けれど、脳にはふれずに、あるいは脳の手術といっしょに、胸の神経のかたまり（神経節）のあちこちを刺激したり、こわしたりしてみた結果、楽譜そのものは、じつは胸の神経節のなかにしまわれており、脳は今どの楽譜をとりだして鳴けという指示を与えるのだということがわかったのである。

おそらくフーバーは、コオロギを精神分析にかけた最初の人ということになろう。彼に飼われたコオロギはかわいそうであった。ぼくはその冥福を祈って、野原のコオロギの声にしばし聞入ることにしよう。

ゴキブリはなぜ嫌われるのか

いろいろと悪評は高いけれど、ゴキブリはやっぱりかわいそうである。姿を見せたとたん、若い女の子から悲鳴をあげられ、スリッパかなにかで追いまわされ、運が悪ければたたきのめされる。昆虫の体は、人間のように脳か心臓をやられたら全身ぐったり、というふうにはできていないので、いくらたたきのめされてもゴキブリは、なんとかうごめきながら逃げてゆく。その姿が人間の女にはまたまた憎たらしく思えるのだ。

近ごろは勇敢なお嬢さんがふえてきたせいか、すこし二流に近いレストランなどでは、テーブルの上にチョコチョコでてきた、かわいらしいチャバネゴキブリを、ジーンズの似合う、かわいいウェイトレスの女の子が、無言のまま指先でひねりつぶす。美しい指で殺されたのだからまだ幸せ、なんて考えるのは人間の勝手な思惑で、ゴキブリにしてみれば同じこと。いずれにしても迷惑な話だろう。

けれど、ぼくがふしぎでならないのは、どうしてゴキブリがこんなに嫌われるか、いいかえる

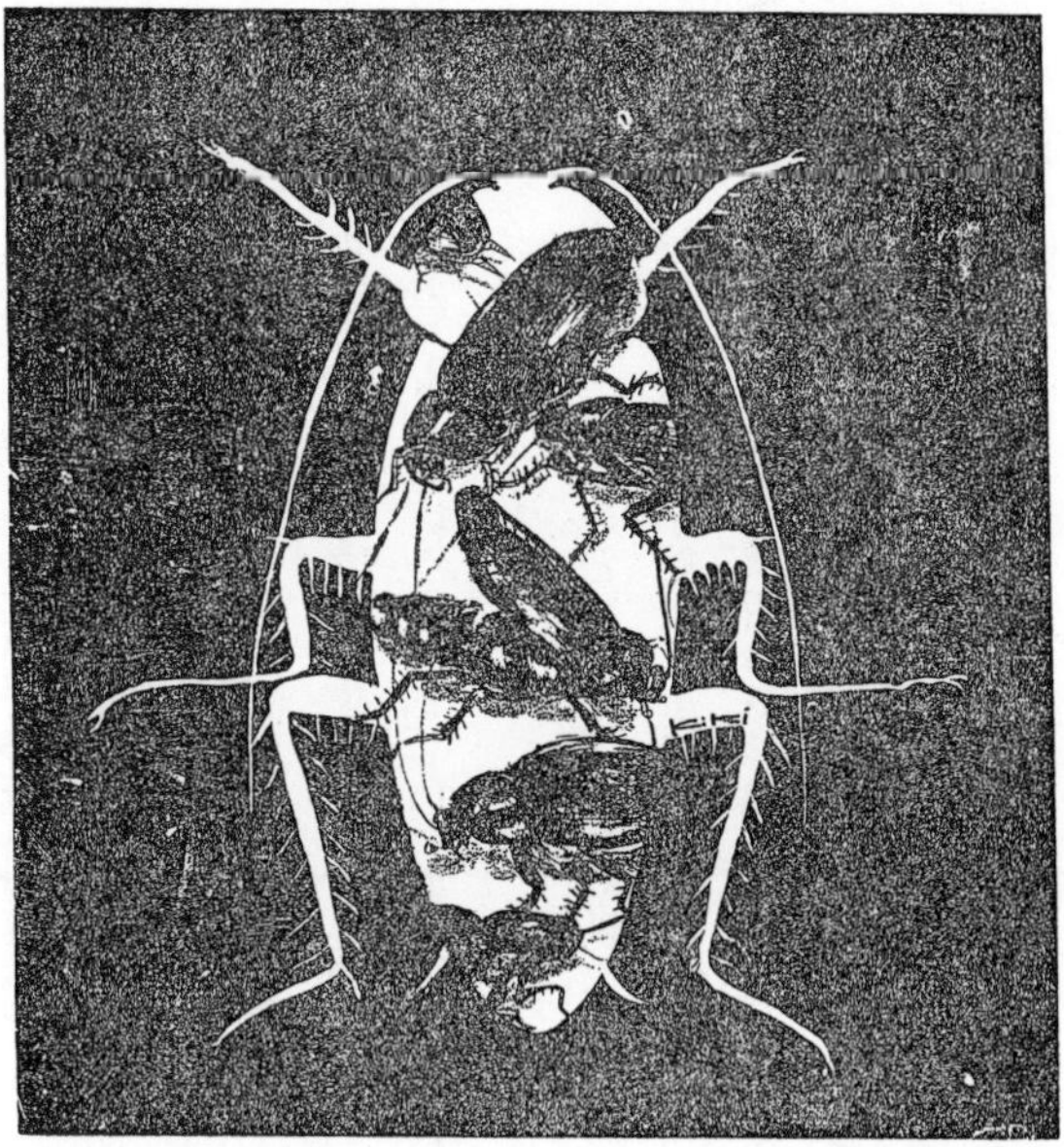

と、人間のとくに女はゴキブリをなぜこんなに嫌うのか、ということである。

小西正泰さんの本（『虫の文化誌』朝日新聞社）によると、ゴキブリが古来きらわれていたことがわかる。けれど、ゴキブリを見たとたんにパニック状態に陥るとか、一瞬にして殺人鬼と化するとかいうことが、江戸時代からあったのかどうか、どうもはっきりしなかった。

戦前にも、ゴキブリは東京にもすこしはいたし、湯河原や伊東などにいくと、夜、縁側などによくやってきたけれど、昨今のようなパニック的反応を示す女性の姿を見かけたことは、ついぞなかったように記憶している。どうもああいうすさまじい反応は、ごく近年の産物ではないのかという気がしてならなくなってきた。

そこでとうとう小西さんに電話をかけることにした。いかに昆虫民俗学の大家たる小西さんとて、江戸時代から生きているわけではない。無理を承知の上での質問であったが、おおよその見当はついた。つまり、江戸時代にもゴキブリは明らかにきらわれており、和漢三才図絵などにはゴキブリの退治法が述べられていること、しかし、ゴキブリを必死になって追いまわしている婦女子の一群とか、「あれ、ごきぶりが！」と失神しかけている高貴な女性の姿とかを描いた絵はないこと、したがって、確言はできないがおそらく当時の女たちは、ゴキブリを見て今日ほどひどい騒ぎはしていなかったのだろうということ、である。

そうすると、今日のパニック的反応の根拠が、ますますわからなくなってくる。

一般に人びとはヘビが嫌いであり、しかもほとんど理屈ぬきで嫌いである。いわゆる「本能的に」いやなのだ。だが、これはかなり理解できる。大部分の鳥はヘビを本能的に嫌う。われわれの仲間である哺乳類も、大部分はヘビを嫌う。ヘビクイワシとか、マングースとか、ごく特殊なものだけが、好んでヘビを食べるだけだ。

なぜそうなのかはわからない。手足がなくて自分たちとまったく論理のちがうこの生きものが、自分たちの想像を絶するがゆえに不気味なのだろうと憶測する人もいる。

たぶんそうかもしれない。人間以外の動物だって、それなりの想像力をもって自分の世界を作りあげていることは疑いない。たとえば、たいていのけものが人間を怖れるのは、彼らが人間は二足歩行の動物だなどとは露知らず、やはり自分たちと同じ四足の動物だと「想像」するために、人間の背後にこれだけの高さに見合った胴体があるものと思いこんでしまうからだといわれている(そう思って見たら、人間はじつに巨大な動物に見えるだろう)。だから、ヘビのように、この想像力の働かしようのない形をした動物には、本能的に嫌悪を感じるのだろう。鳥もけものもそう感じるということは、人間のヘビ嫌いもかなり起原の古いものであることを物語っているのかもしれない。

いずれにせよ、ヘびに対するこの嫌悪は、おそらくは「本能的」なものであろう。つまりその種に、もともと固有にそなわったものであって、だれに教わったものでもなく、逆にいくら訓練してもなかなか消えがたいものであって、まして、時代によってあらわれたり、あらわれなかったりするようなものではない。

だとするとゴキブリに対して、最近の女性の示すすさまじい嫌悪の情は、ヘビに対する嫌悪感とはいささか異なって、けっして人間に固有にそなわったものではないように思えてくる。

もちろん、理屈のつけようはいくらでもある。あの平たい姿がイヤ。おまけにそれがす早く、ガサガサガサッと走るのがイヤッ。油ぎったあの感じがイヤッ。足が毛むくじゃらみたいなのがイヤッ。くさいからイヤッ。きたないからイヤッ。

このような理屈は、つづけていくとだんだんに説得力がなくなる。平たいのがザザッと走るのはたしかに不気味だが、足なんかがどのようになっているか、そんなによく見えるはずがないし、ゴキブリは走っているだけでにおうほどの悪臭は発していない。きたないかどうかは、まったく主観と情況の問題だ。

どうもここ何年かのゴキブリ・パニックは、昔はハエやらカやら、夜、灯りにとんでくるただのガやらドクガやら、ムカデ、ゲジゲジ、クモ、ハチなど、いろいろな、「むし」たちがたくさんいたのに、それらが都会ではすべて消滅して、ゴキブリだけが残ったことによるひとつの誇張症状と、それにのってゴキブリをやたらにわるものにする宣伝、さらにかつてのポリオ流行のときの「科学的」プロパガンダ、そしてそのような資本主義的洗脳にまことにヨワイ主婦たちの頭

——これらの合同の産物であるように思われるのである。

なんでわざわざ長々とこんなことを論じたかというと、「ほら、ゴキブリ！　それ殺せ！」という反応は、いわゆる偏見にほかならないからである。こういう反応を許容していけば、いずれ、この「ゴキブリ」というところが、ほかのことばにおきかわっても、べつにふしぎに思わなくなるだろう。それは恐しいことである。

たしかに、ゴキブリはけっして見て快い虫ではない。床を歩きまわっているゴキブリを見て、花園にたわむれるチョウを見るときと同じ感情が湧くことはまずありえまい。けれど、それなりの論理で生きているゴキブリという虫は、どうにもならない実在である。こちらのセンスにあわないからといって、たたきつぶしてばかりいるわけにはいかないのだ。

かなり多くの昆虫学者が、ゴキブリを研究してきた。ゴキブリとはどういう虫か、どのように生きている虫か、それを知ろうとしてきた。その人びとがすべてゴキブリを愛していたわけではけっしてない。ゴキブリのフェロモンの研究では世界に誇る石井象二郎京大教授も、何回かこう告白している。——「それでも私はゴキブリがきらいである」と。

ぼく自身は、ゴキブリの研究をしたことはない。けれど、ゴキブリについて、ものすごく印象的な話には、いくつもでくわした。その一つは、アメリカのエンゲルマンという人の、ゴキブリの妊娠に関する研究である。

知っている人も多いと思うが、ゴキブリは卵をかためて袋に入れ、卵嚢として産み出す。そしてそれを、尻の先につけてもって歩く。ポンと産みおとされるより、親にもって歩かれるほうが、卵にとって安全なことはいうまでもない。ゴキブリは何千万年前からか知らないが、ちゃんとこの殊勝な育児法をとりつづけてきた。

けれど、なかにはもっと子ども思いになった種もあった。いくつかの種のゴキブリは、いったん産みだした卵嚢をもういちど体のなかへひきこみ、幼虫がかえるまでそだてる。こうしてこのゴキブリは「胎生」となり、その間は「妊娠」していることになる。

エンゲルマンはこの妊娠の維持機構をくわしくしらべあげた。妊娠している間、次の卵は成熟しない。これは人間などの場合と同じだが、そのしくみはちがっていた。妊娠しているメスのゴキブリの腹の神経を切ってしまう。すると、まだ妊娠しているにもかかわらず、まもなく次の卵が成熟してくるのだ。新しい卵の成熟抑制は、子宮内に「胎児」のいることが、腹の神経を介して伝えられることによるのだろう。

エンゲルマンは一連のみごとな実験を展開し、まだ「胎児」が腹のなかにいるという情報は、腹の神経を通って脳へ伝えられること、すると脳はアラタ体という内分泌腺の働きを抑えるので、卵を成熟させるホルモンが分泌されないこと、「子供」が産まれてしまうと、脳の抑制が解けるので、アラタ体は活性を回復し、卵成熟ホルモンの分泌をはじめるので、また次の周期がはじまること、を明らかにした。一九六〇年代のこの分野の研究のヒットであった。

その後、ぼくはパリでエンゲルマンにあった。まだ若い、なかなかのいい男で、その国際学会に忙しく働いているフランスの女性研究者たちのなかの、これはという人びとにつぎつぎウィンクを送っていた。送られたほうも一流の研究者であるわけだが、それぞれものすごく色っぽい目つきの表情をして（フランス人はウィンクをしない）、嬉しそうにこれに答えていた。みんなおとなだな、とぼくは思った。

それよりだいぶ前になるが、ぼくがおおいに関心をそそられた研究があった。アメリカのベルタ・シャラーによるゴキブリのガンの研究であった。ベルタは夫のエルンスト・シャラーとともに、動物の神経系や神経分泌系の分野で古くから第一人者であった。エルンストが脊椎動物を対象とし、ベルタは昆虫その他の無脊椎動物について研究して、注目すべき学説をいくつも提出していた。

そのかたわら、ベルタ・シャラーは、ゴキブリに手術して、どこかの神経を切断しておくと、何カ月かのちに、その神経の支配下にあった部分にガンができることを見出したのである。これはじつに興味ふかい発見であった。けれど、ガンのできるのが神経切断のすくなくとも三カ月後、しかも手術した個体の何パーセント以下というので、それ以上研究は進展しなかった。

その後、フランスのジルベール・マッツという人が、バッタで同じようなことを見出した。バッタでは神経切断後、まもなく異状が生じてきて、一週間ぐらいでガン化する。しかも、神経切断個体のほとんどすべてにガンができる。そして、いったんできたガンはどんどん転移するだけでなく、他の健康なバッタに移植すると、そこからガンがふえてゆくのである。神経を切断することによって、ウイルスのようなものがバッタの体内に生じ、それがガン発生の原因になるらしいこともマッツはつきとめた。

ぼくはストラスブール大学の研究室で、三カ月ばかりマッツの研究を見ていて、ひじょうにおもしろかった。因みにジルベールは驚くべき爬虫類好きで、彼のアパルトマンは玄関の大ワニにはじまって、ヘビ、カメ、トカゲだらけ。食堂には長さ三メートルはある巨大なボアが二ヒキ放し飼い。ぼくは背後の止り木にからみついた大蛇のうごめきを意識しながら、マッツ夫人のアルザス料理のごちそうになるのがつねであった。

ゴキブリの名をひときわ高からしめたのは、イギリスのジャネット・ハーカー女史の生物時計の研究だった。たいていのゴキブリは、夜、それもきまった時間になると活動をはじめる。これはまわりの明るさとか温度とかの直接の影響によるのではなく、自分の体のリズム、つまりゴキブリの体内にある何らかの時計によるものであることは明らかであった。

その時計はどこにあるか？　ハーカー女史はゴキブリにいろいろな手術をして、それをつきとめようとした。連日、光をつけっぱなしにして飼って、とうとうリズムの消滅した一ピキのゴキブリの背中に穴をあける。そして、明暗周期のもとで飼われ、ちゃんとしたリズムに従って活動しているもう一ピキのゴキブリの背中にも穴をあけ、二ヒキを背中あわせにくっつける。リズムのあるゴキブリの肢はぜんぶ切ってしまっておく。

すると、リズムを失っていたゴキブリは、リズムを回復する。つまり、背中あわせにくっつけられた相棒のリズムが血液を介して「移って」くるのである。最後に彼女は、このリズムのもとは、のどのところにある食道下神経節とよばれる神経のかたまりだといった。

ところがそれから一〇年ほどのちに、日本の宇尾淳子女史が、彼女の説を徹底的に反駁した。ハーカー女史のしごとは完全な誤解にもとづくもので、時計はそんなところにはないという。時計はゴキブリの脳の視葉、つまり眼からの視神経を受ける部分にあり、眼から入ってくる明暗の刺激によって、時計が「合わされる」のだというのが、宇尾夫人の結論である。そして今ではこの説のほうがたしかだと考えられている。彼女はすばらしい美人なのだが、彼女の説が信じられるようになったのは、もちろんそれだけの理由からではない。

ゴキブリをめぐっての話題はつきない。石井象二郎氏の集合フェロモンの研究や、ゴキブリホイホイの物語も有名だ。いずれにせよ、電子顕微鏡で、その体を眺めてみれば、すみからすみまでじつに美しく緻密にできあがったゴキブリたちは、今日も元気で走りまわっている。

ミツバチと色

ミツバチといえば、生物学者の頭にはすぐ、フォン・フリッシュの名が浮かぶ。オーストリアのこの生理学者ほど、実用的な意味でではなくて、ミツバチの名声を高めた人はほかにいない。

かつて、西欧生理学の世界では、世界的権威だったある教授が、いくつかの実験結果から、「昆虫には色が見えない」という結論を下した。それ以来、昆虫は色が見えないことになってしまった。若きカール・フォン・フリッシュは、それに対して素朴な疑問を抱いた――「もしそうだったなら、この色とりどりの花の色には、なんの意味もないことになってしまう。昆虫は、きっと花の色が見えるにちがいない」

これがミツバチについての彼の研究の始まりであった。彼はミツバチだけを研究したのではなく、ミツバチで研究を始めたわけでもない。ミツバチとつきあいだす前には、魚そのほか、生理学の分野でいろいろな研究をてがけている。興味ぶかい研究もすくなくないが、ここでは省略するとしよう。

フォン・フリッシュは、ミツバチの色彩感覚をためすのに、次のような方法を使った。屋外に置いたテーブルの上に、いろいろな色のカードを並べる。そしてその上を一枚の大きなガラス板でおおう。それから、各カードの上に一枚ずつ小さな皿を置き、たとえば青いカードの上の皿にだけサトウ水を入れておく。

やがてミツバチがやってくる。青いカードの上の皿にサトウ水をみつけたミツバチは、それを味わい、ついでそれを胃に吸いこむ。一生けんめいサトウ水をのんでいるハチの体に、フォン・フリッシュは絵具でちょんとしるしをつける。

ミツバチは飛びたって巣に帰るが、まもなくまたやってくる。同じハチがやってきたことは、さっきつけた目印でわかる。こうして何匹かのミツバチが青色の紙の上の「みつ」にしげしげと通ってくるようになったころ、カードの位置を変えてしまう。皿もぜんぶ新しい皿にとりかえる。そして、今度は青いカードの上の皿にもサトウ水を入れず、空のままにしておく。

皿をとりかえたのは、青いカードの上の皿にだけミツバチの体の匂いがついていたら……という疑いをなくすためである。さらにテーブルの上をおおう大きなガラス板も、新しいものにとりかえてしまう。そもそもこのガラス板は、下のカードの匂いをさえぎるためのものだった。「色が見えるかどうか」という実験をしているのだから、匂いの要素がまぎれこんでくると困るのである。

さて、こうしてぜんぶを新しいものにとりかえて、しばらく待っていると、まもなく、またミツバチがやってくる。印のついたハチは、カードの位置が前とは変わっているにもかかわらず、まっすぐに青いカードの上の皿におりる。

皿も新しいものととりかえられているのだから、自分たちの匂いにひかれたわけではない。サトウ水はどの皿にも入っていないのだから、サトウ水にひかれたわけでもない。カードの位置は入れかわっているのだから、テーブルの上の位置をおぼえていたわけでもない。どうみても、「青い」色をおぼえていたとしか考えられないのだ。

口でいえばかんたんだが、この実験には何日もかかる。しかも、実験というもののつねとして、一回だけではあまり信用できないから、何回かくりかえさねばならぬ。それはたいへんな努力である。けれど、フォン・フリッシュは、同じことを、赤、黄、緑、そのほかの色についてもためしてみた。

その結果、次のようなことがわかった。ミツバチは黄色、青みのかかった緑、青のカードは、ほかの色のカードと区別することができる。赤は黒と混同する。ふつうの緑は黄色と区別できない。白いカードはちゃんと区別する場合もあり、ぜんぜん区別できない場合もあって、なにがなんだかよくわからなかった。

やがて、白いカードについてのこの混乱した結果から、意外なことが明らかになった。その白いカードが紫外線を反射している場合には、ミツバチはそれを区別するが、そうでない白いカードは、うまく区別できないのだということである。

われわれ人間には紫外線は見えないから、どちらのカードも同じように白く見える。けれどミツバチはそれをちゃんと区別する。つまり、ミツバチはわれわれには見えない紫外線が見えているということになる。

こうして、ミツバチは黄色、青緑色、青色、紫外線を含んだ白色のカードを区別できることが明らかにされた。

けれど、フォン・フリッシュは慎重だった。「だから、ミツバチにはこの四つの色が見える」などとはいわなかった。なぜなら、ミツバチはこの四種のカードを、「色」ではなく、「明るさ」で区別していたのかもしれないからである。

いうまでもないが、黄色いカードはたいへん明るく見える。それに対して、たとえば濃い青色のカードはずっと暗い。たとえ「色」が見えなくとも、この二つのカードを「区別」することはできるのである。そこでフォン・フリッシュは、さらに次の実験を組んだ。

実験の装置と手順は、前とまったく同じである。ただし今回のシリーズでは、どれかの色のカードを一枚だけ使い、そのまわりには白から黒に至るさまざまな程度の灰色のカードをならべた。さまざまな程度の灰色というのは、ロッキード事件での「灰色高官」なるものとまったく同じ意味においてである。

もしミツバチが、「色」そのものでなく、「明るさ」によってカードを区別していたのなら、このようなデザインの実験では、灰色のカードのうちのどれかと色カードとを混同してしまうはずである。

だが、そんなことはなかった。黄、青緑、青、「紫外」の色カードを、ミツバチはどの灰色のカードからも区別した。つまりミツバチは、これらの色をまさに「色」として見ていたのであった。ただ、赤いカードは、前にも述べたとおり、黒と混同した。ミツバチにとって、赤という色は存在しないのだ。あたかも紫外色という色が人間には存在しないのと同様に……。

このフォン・フリッシュの研究は、ミツバチにも色が見えるということを証明したにはとどまらない。それは多くの昆虫の色彩感覚についての研究の大きな足がかりとなったばかりか、われわれ人間がなぜ色を識別できるかという研究にも、大いにかかわってくることになった。

人間がなぜ色が見えるかということについては、古くから二つの説がある。一つは一八〇七年(というから、おそろしく古い)にトーマス・ヤングが提唱し、一八五二年(これまた一〇〇年以上昔の話である)に物理学者として有名なヘルムホルツが改訂した、いわゆる「三色説」である。人間の眼には、赤、黄、青に感じる三つの要素があり、それぞれ赤、黄、青の色感をおこす。この三つの基本色感の混合によって、さまざまな色感が生じ、その三つがすべてなければ黒、ぜんぶが均等に混合すれば白と感じる。大約すればこういう説である。

今日われわれはほぼこの説にそって色というものの説明を受け、従ってそう理解しているが、じつは古来これに対立して、ヘーリングの「四色説」または「反対色説」というのがあった。眼には、白黒物質、赤緑物質、黄青物質という三つの物質があって、それぞれその物質が分解するときには白、赤、黄、合成されるときには黒、緑、青の色感を生じるという説だ。この説によると、白と黒のほかに、赤、黄、緑、青という四つの基本色が存在することになる。

色が満足に見えるなら、三色だろうと四色だろうと、どっちだっていいような気もするが、研究者にとってはどうでもいいことではないらしいし、それに、色盲を治そうとするならば、これはやはり重大問題である。

こういう説のつねとして、どちらにも確固とした根拠があり、一概にどっちが正しいという軍配はあげられぬまま、一〇〇年以上の年月が過ぎ去ってしまった。けれど、今ではヤング＝ヘルムホルツの「三色説」のほうが、どうやら真に近いと考えられている。話がだんだんややこしくなってくるから、くわしいことは一切省くことにするが、そのきっかけは昆虫、それもミツバチの色彩感覚の研究から生まれたのである。

その後フォン・フリッシュは、またまたミツバチにおいて、人びとを驚嘆させる発見をした。有名なダンス言語の解読である。

ある場所にサトウ水を入れた皿を置いておくと、そのうちに一匹のミツバチがやってきて、サトウ水をのみこみ、巣へ帰ってゆく。まもなくそこには、急にたくさんのミツバチがやってくる。最初にきたハチがみんなをひきつれてきたのかとも思えるが、そうではない。フォン・フリッシュは最初のハチにちゃんと印をつけておいた。だがそのハチはきていないのである。

では、最初のハチが巣に帰って、サトウ水のありかをほかのハチに教えたのだろうか？　いや、そんなことはありえまい。ハチが仲間にものを教えるなんて……。フォン・フリッシュは困惑した。

けれど、彼は長年の間、ミツバチの生活をよく見ていた。彼の前にも、養蜂家の人びとの長い経験にもとづく知識が蓄積されていた。たとえば――みつをもって巣に帰ってきたミツバチは、巣に入るとあたかもダンスでもするように一定の足どりで歩きまわる。それは「収穫ダンス」とよばれていた。

このダンスになにか意味があるのかもしれない。フォン・フリッシュはさっそく実験にとりかかった。

サトウ水を入れた皿という人工の蜜源（天然の蜜源はもちろん花である）を、まず巣の近くに置く。一人は蜜源のところで見張っていて、やってくるハチに一匹ずつちがう印をつけてゆく。もう一人は、観察用の巣箱の前に陣取って、帰ってきたハチがどのように振舞うかをみつめ、記録する。

やがて、印のついたハチが帰ってくる。実験用に置いた蜜源からみつをもって帰ってきたハチだ。さてなにをするだろうか？

ハチはかなり早い足どりで、輪を描くように歩く。フォン・フリッシュはこれを「ロンド（輪舞）」と名づけた。ロンドを踊るハチのまわりには、ほかの働きバチが近寄ってきて、ダンスをしているハチの体に触角をぴたりと押しつけながら、その動きを見守っている。そしてまもなく、次つぎと巣から飛びだしてゆく。

こうして飛びだしていったハチが、ほどなく実験用蜜源のところに姿を現わすこともわかった。ミツバチはほんとうに蜜源のありかを仲間に教えているのである！

ではどのようにして教えるのか？　ネコがネズミのとりかた、殺しかたを子ネコに教えるとき、けっして抽象的には教えない。いや、教えないというのでなく、抽象的な教えかたはできないのである。現物のネズミが目の前にあるとき、母ネコはそれをとらえてみせ、殺してみせる。それを子ネコが見ておぼえる。現物なしに教えることは不可能なのだ。

だがミツバチにはそんなことはできない。現物の蜜源を巣のなかへもってくることはできない。できるのは、みんなの先頭に立ち、みんなをそこまで、ひきつれてゆくか、あるいは、なにか匂いのあとをつけて帰ってきて、この匂いという「現物」でみんなに教えるかのどちらかぐらいである。

ミツバチにも種類が多い。なかにはこの方法で仲間に蜜源を教えている種類もある。けれど、どういうわけか知らないが、人間が飼いはじめた、そしてそのためにフォン・フリッシュが研究することになったミツバチは、そんな方法をとってはいなかった。

フォン・フリッシュの本、たとえば『ミツバチの生活から』（岩波書店刊）にくわしく書いてあるように、ミツバチは例のダンスをことばに使っている。蜜源が近いときにはロンドを踊り、巣からほど遠くないところに蜜源のあることを教える。ほかのハチは巣から飛びだしていって、巣の近くを探しまわり、蜜源を発見する。そのときには、ダンスをしていたハチの体についていた蜜源つまり花の香りが手がかりとなる。二度目にそこへゆくときには、花の色をおぼえていて、遠くからその花へ直行する。花の色も香りも、意味のあるものであったのだ。

蜜源が遠くなると、そこから戻ってきたハチは、例の「8の字ダンス」を踊る。これはもうすこし親切にいうと8の字でなく、⦶の形である。中央の直線部分の方向が、蜜源の方向を示し、ダンスのスピードが距離を示す。

このことがわかったとき、フォン・フリッシュは、われながら自分の結論を信じられなかったそうである。ハチにそんなことができるのだろうか？　昆虫がいわば言語にも匹敵する伝達手段をもつなどということが、ありうるのであろうか？

けれど、その解釈については諸説があり、研究や反論が続けられているとはいえ、フォン・フリッシュが描きだしたミツバチの姿は、花から花へ無心に飛びまわり、巣箱のまわりでブンブンいっているミツバチそのものに、きわめて近いものらしく思われるのである。

アリたち

もう七、八年前のことだったと思う。東京・多摩動物公園の矢島稔さんから、正月の休みに遊びにゆくという連絡があった。それはそれはというので楽しみに待っていたら、彼は漫画家の根本進さんと、成城学園小学校の庄司和晃先生との三人連れでやってこられた。そういっては失礼だが、三人とも体の小さいほうではない。せまくるしいぼくの家の居間兼応接間兼ダイニングキッチンは、ぎゅうぎゅう満員になった。

おまけに庄司先生はなにやら途方もなく大きな包みをかかえてこられた。

「重そうですね」

といったら、

「いやいや、全部紙ですから」

ということで、ためしに持ってみたらたしかにまったく重くはなかった。だが、先生がやおら開いて見せたその包みのなかから、じつに興味ふかいものがでてきたのである。

それはアリの絵であった。

「この間、一年生から六年生までの生徒にアリの絵を描かせましてねえ」

といいながら、先生はまず何重にも折りたたまれた紙をテーブルの上に広げはじめた。それは尨大な大きさの紙で、とても一度には広げきれなかった。一部分だけを広げてみると、それにはいろいろなアリの絵を切り抜いたものがたくさん貼りつけてあった。

「これが一年生の描いたものです」

といって指さされたいくつかは、やたらと大きなアリの絵であった。アリはいずれも背中側から見た形に描かれていた。もちろん実物を見て描いたものではなく、およそ正確なスケッチとはほど遠いものであった。なかには、おそろしくまじめな子の作品なのだろう、ほんもののアリの大きさぐらいの、小さな絵もあった。

巻物を広げてゆくように紙を広げてゆくと、二年生、三年生の絵も、似たようなものだった。四年生になると、横から見たアリの絵があらわれる。さらに六年生になると、どういう発想なのかわからないが、腹側から見たアリまで現われた。

「そこで今度は……」

と、先生はべつの絵巻物をとりだした。

「同じ生徒に、まずそらでアリを描かせ、それから実物のアリを見せて描かせてみたんです」

これもまた興味ぶかかった。第一段目の絵には、なんともこっけいなのがある。アリの体は他の昆虫の体と同じく、頭、胸、腹と三つに分かれている（これについては、あとでもうすこし補足する）のだが、たいていの子の絵では頭と腹しかない。ひどいのは、なんの区切りもない、ただの楕円形に、四本の肢が生えている。頭、胸、腹と三つの部分を描きわけている子でも、肢は四本しかなかったり、六本あっても頭に二本、胸に二本、腹に二本生えている始末だった。

おもしろいことに、どの子も二本の触角だけは必ず描いていた。ただしその触角はたいていは後向きになっていて、女の子の絵ではほとんどそれにリボンがむすんであった。

二段目は実物のアリを見てのスケッチである。ガラスの容器（シャーレ）にアリを一ピキずつ入れて生徒に渡し、

「それを見てアリの絵を描きなさい」

といったのである。

驚いたことに、実物を見せても、生徒たちのアリの絵は、ほとんど「進歩」していなかった。体は依然として頭と腹からできており、肢は四本のままだった。六本になった場合でも、やはり頭や腹から肢が生えていた。触角もうしろを向いたままであった。前と変わったところといえば、リボンがなくなったくらいのものであった。「実物を見せるにかぎる」などとよくいわれるが、実物教育必ずしもそれほどの効果をあげえないことがわかる。

ただ、一段目の絵、つまりそらで描いた絵がきわめて自信がなく、何度も描いたり消したりしたあげく、おずおずと先生に提出されたような絵を描いた子の場合には、実物教育の効果はめざましいものがあった。体は忽然として頭、胸、腹の三つにわかれ、場合によっては六本の肢が正しく胸だけから生えていたのである。これと対照的に、一段目の絵を自信たっぷり、力強い線で一気に描きあげたような子の場合には、二段目の絵にほとんど「進歩」はみられなかった。

三段目の絵は、生徒にアリを見せながら、先生がアリの体の構造を説明したあとで描かせたものだった。

「体をよく見てごらん。頭があって、胸があって、それからもう一つくびれがあって、腹になっているだろう。そして胸には肢が六本生えているだろう。肢は一度上に上がってから、下へ折れてるだろう。触角は頭から横向きに生えて、それからきゅっと折れて前へ向っているだろう」

こんな説明に生徒が「うん、うん」とうなずいたところで、

「ではアリの絵を描きなさい」と命じた結果の作品であった。

さすがにこれは、みなよく描けていた。一段目、二段目とはまさに格段の差で、アリらしく、正確なスケッチになっていた。このアリの触角にかわいらしくリボンをむすんだ女の子もいた。あっぱれというべきだろう。

とにかく庄司先生がごっそりとかかえてきて見せて下さったこの絵は、じつにおもしろかった。

一つには、子どもの目にアリがどう映っているかがよくわかったからであるし、二つには、実物を見ても、ものはそれほどきちんと見えるものでないことがわかったからである。

アリというのは奇妙な昆虫である。第一に翅がない。翅のあるのは、とくに羽《は》アリとよばれるが、これは繁殖の時期だけに現われるオスとメスである。

というと、ふつうぼくらの見ているアリはオスでもメスでもないようにきこえる。じっさいには彼ら働きアリたちは、すべてメスなのであるが、卵巣も成熟せず、性的欲望ももたない不全のメスである。この点はミツバチでも同じだし、アシナガバチでもそうである。どうやら巨大な集団をなして生活する昆虫は、発育不全のメスを大量に作りだして働かせる傾向があるようにみえるが、必ずしもそうではない。アリと似ていてよく混同されるシロアリは、ほんとうはむしろゴキブリなどに似た仲間であるが、有名なシロアリ塚を作って、集団生活をする。

ここで労働力となっているのは主として子どもである。発育途上の子虫がそこでしばらく発育を止め、ひたすらせっせと働く。これらの子どもたちは、いずれは兵アリになったり、オスアリ、メスアリになったり、巣のなかの状況によって複雑な発育のしかたをする。いずれにせよ、働くのは女か子どもであって、男ではない。

アリはハチの仲間なので、体の構造はハチとよく似ている。頭、胸、腹がくっきりとくびれているところは、昆虫の典型のように見えるけれど、ハチ、アリの仲間には先生泣かせの特徴がある。それは、腹の第一節がいわば寝返って胸側についてしまっていることである。だから胸には四つの節があることになり、「昆虫の胸は前、中、後の三つの節から成っていて……」などと説明してゆくと、いささか権威失墜の可能性があるのだ。胸と腹をつなぐ細い部分も、ふつうの昆虫におけるように体節と体節の境の目ではなく、腹の体節そのものが、長く伸びたものにほかならない。

なぜこんな例外的な体のつくりになっているのかはわからない。ハチの仲間はハエ類とともに、昆虫のなかではもっとも巧みな飛行家である。よく飛ぶためには、胸ができるだけ頑丈であることが必要である。胸の補強のために、腹の第一節がかりだされたのかもしれない。

アリはハチの仲間でありながら、空中の生活を捨てて地上に下りてしまった。翅も捨て、体も極端に小さくした。長さ二センチの虫というのはけっして巨大な昆虫ではないが、そのていどの大きさのアリを見たら、われわれは「ものすごく大きなアリ」と感じる。われわれにとって、アリとは小さいものなのだ。

この小さいアリたちは、集団をなして生活するいわゆる「社会性昆虫」の代表である。ハチのなかにも、ミツバチやアシナガバチのように、「社会」を作って生活するものがたくさんいる。けれど、ミツバチに縁の近いハナバチの仲間や、ファーブルや岩田久二雄先生の研究でよく知られている狩り人バチの仲間は、たいていはメスが一匹で、いくつかの巣穴を掘り、そこへ餌を運びこんで、卵を一個ずつ産みつける。こういう「孤独性」のハチのほうがずっと多い。このようなハチでは、たいてい親は子が育ちあがって、次代の親となる前に死んでしまい、親子が顔を合わすことはない。けれど、なかには親子二代がそろって、次の代の子を育てるものもある。これは、小規模ながら「社会性」の始まりとみることができる。北海道大学の坂上昭一先生はこのようなハチの生活のしかたをつぶさにしらべあげ、「ミツバチのたどった道」（思索社刊）を描き出した。

だが、ふしぎなことにアリはすべて「社会性」であって、「孤独性」のアリというものはいない。アリには世界に何千という種がいるが、すべて集団を作って生活する。同じことはシロアリにもいえる。前にも述べたとおり、シロアリはアリとはまったく類縁の遠い昆虫なのであるが、生活のしかただけはふしぎなくらいよく似ている。

アリでもハチでもシロアリでもそうなのだが、彼らの「社会」はじつは社会ではない。一匹のメス（女王）から生まれた一つの大家族にすぎない。しかも、叔父、叔母、いとこなどというものすらまじらない、ほんとうの「核家族」である。親とその子以外のものはだれ一人としていないのだ。

この巨大な核家族は、じつによく統制されている。母親はひたすら卵を産む。その発育不全の娘たち、つまり働きアリたちは、その卵をべつのへやへ運び、なめたり、むきをかえたりして世話をする。幼虫がかえるとえさを与え、サナギになっても、たえずこまかく気を配る。それらのしごとは、なんの義務感にもとづくものでもない。多くの場合、それは匂いに導びかれた行動なのである。

たとえば一つ例をあげよう。これはもうかなりよく知られたことである。夏、砂糖つぼにむかって、えんえんとアリの行列ができ、大さわぎとなることがある。食物を探して歩きまわっていたアリの一匹が砂糖をみつけ、巣に帰って仲間に教えたのだ、という説明は、結果的にはあたっている。ミツバチでも、ハチはミツのありかを仲間に「教え」る。例の8の字ダンスを踊ることによって……。

アリはしかし、ミツバチのように手のこんだ通報はしない。まず砂糖をみつけたアリは、そのひとかけらを口にくわえて、家路につく。長い探索行ののちの収穫だからであろうか、彼女はたいへん興奮している。そして歩きながら、腹の先をちょい、ちょいと地面にふれ、腹の先にある発香腺の匂いのあとをつけてゆく。

そこらには、たくさんの働きアリたちが、食物を探して走りまわっている。そのうちの一匹がたまたまこの匂いのあとにでくわすと、彼女は、そそくさとそのあとをたどって小走りに走ってゆく。ほどなく彼女は砂糖つぼに到達する。口に砂糖をくわえた彼女は、また匂いのあとをつけながら、巣へと急ぐ。こうしてこの匂いの道をたどるアリの数はふえてゆき、道は太くなってゆく。いつのまにかえんえんとしたアリの行列ができあがるわけである。

ふしぎなことに、砂糖つぼがからになると、行列はかき消すようになくなってしまう。これも匂いのなせるわざだ。つまり、いよいよ最後のひとかけらもなくなったときに到着したアリは、当然ながら食物を発見できない。「失望」した彼女は、なんの匂いのあともつけずに、また新たな探索行にでる。足あとフェロモンとよばれるこの匂い物質は、たいへん揮発しやすいので、何分かすると消失してしまう。失望したアリが出はじめたら、道はたちまちにして消えてしまい、それ以上アリたちに、はかない夢を抱かせるようなことはないのである。

けれど、アリは匂いだけにたよって生きているわけではもちろんない。食物を探しているアリは、めくらめっぽうに歩いている。彼女たちはどうして巣へ帰れるのであろうか? 自分の歩いたあとの匂いをたどってゆくのでないことは、彼女がいったん食物をみつけたら、ほとんど一直線に巣の方向へむかって歩きだすことからもわかる。

昔、じつに冴えた実験をした人がいた。食物をくわえてまっすぐ巣へ帰ってゆくアリに、ポンとマッチ箱をかぶせてみたのである。そしてそのまま二時間ほどおいてから、マッチ箱をとりのけた。

アリはなにごともなかったようにまた歩きだした。けれど、さっき歩いていた方向とは、十何度かずれていた。この角度のずれは、この二時間の間に太陽の位置が動いた角度とまさに一致していた。

このなんでもないような実験から、アリが太陽コンパスを使っていることが、はっきりと示されたのである。

鰻屋の娘とその子たち

近ごろはとくにネコの話が氾濫しているので何となく気がひけるのだが、じつはぼくの家にもネコが三匹いる。この家ができあがって、一応完成祝をするときに、うなぎでもとろうかという話になった。洛北も岩倉より鞍馬に近い田舎なのだが、幸い近くの木野に松乃鰻寮というしゃれたうなぎ屋がある。早速そこへ註文に出かけていった。

おどろいたことに、じつにたくさんネコがいた。毛並も色つやもよく、かわいいのばかりである。「一匹どうですか?」といわれて「まあ、ちょっと考えてから」といったものの、こちらがネコ好きなことはたちまちにして読まれてしまったのだろう。三日後の夕方には、何人前かのうなぎと一緒に、牝の子ネコが配達されることになった。

このうなぎ屋の娘は、以前東京にいたときのネコと、びっくりするほどよく似ていた。たいへん美しい黒と白で、気だてもいい。そこで名前も継承して、リュリとよぶことにした。ぼくは日本人には発音のむずかしい名をネコにつけることにしている。リュリというのも、ほんとうは

Lurie なので、これをフランス語式に正しく発音するのはたいへんである。まず日本人には苦手のエル、つづいてこれまた至難な〔y〕という母音、さらにアールで、しかもこれはフランス語風にのどをかすって出さねばならない。毎日何回かネコを呼ぶときに、これらのいやらしい音を発音する練習ができるように、というのがぼくの悲しい思惑なのだ。けれど、どれほど実効があったかは確信をもっていうことはできない。八月の末に届けられたリュリは、ほんの小さな女の子であった。しかし、翌年の四月には、隣家の白い牡ネコがリュリをつけまわすようになった。「リュリはもう子どもができるかも知れない」とぼくはいったが、ワイフはまるで気にしてはいなかった。「だってリュリはまだ子どもですもの」というのである。けれど、ときどきリュリが白ネコに向ける並々ならぬ関心のまなざしは、リュリがもう女であることを示していた。

「うちのリュリに限ってそんなことは……」というワイフの信頼を裏切って、リュリは四匹の子ネコを産んだ。まっ白が三匹、まっ黒が一匹、まるでメンデルの法則の実験のようだった。白一匹を残してほかの三匹がやっと人にもらわれていったころ、リュリは次の子を産んだ、今度の相手はまっ黒いのらネコだったので、子どもは黒が三匹、白が一匹だった。メンデルは今度も正しかった。この中の黒二匹が白い兄さんと、今いるわけである。かわいそうにリュリは、三度目の子ができて体が衰弱し、何でもない手術がもとで死んでしまった。

家の裏は雑木と杉の山なので、ネコたちはよくいろいろなものをつかまえてくる。いちばん多いのは、野生のハツカネズミ類——アカネズミとヒメネズミ——だが、これはしばらく遊んだあげくに、頭からうまそうに食べてしまう。それを見ていると、ネコの行動を研究した人々のいっていることが、ひじょうによく理解できる。ちょっと外へ出たなと思ったらすぐネズミをくわえて帰ってきたときには、たいへん長い間遊んでいる。おそらくネズミがあまりあっさりとれてしまったので、狩りの行動を構成する行動連鎖の衝動が、どれも満足されきっていないのだろう。

ネズミに次いで多いのは、ジネズミとかヒミズモグラといった食虫類である。食虫類には横腹に強烈な臭気を出す部分があるので、多くの食肉獣はきらって食わないといわれている。たしかに、うちのネコも彼らを捕えてくるだけで、けっして食べたことはない。そしてふしぎなことに、捕えられた食虫類は、外見上まったく無傷である。

ネコたちは鳥もよく捕える。ネコの狩りの行動パターンははじめから遺伝的にプログラムされており、学習によって学ぶのは何をえものとして捕えるかだけだとされている。リュリがスズメより大きな鳥をもち帰ってきて子どもに示したのを見たことはないのだが、黒い子ネコは若いキジバトまでとってくる。なんとなくふしぎである。

この間、イギリス製とかいう実物大のネコの置きものを買ってきた。すばらしくリアルにできていて、ほんもののネコと見まがうばかりである。あるとき、ふと一室に入ったら、白い牡ネコが全身の毛を逆立て、ものすごいうなり声をあげている。ぼくはてっきり牡ののらネコが侵入しているのだと思った。だが、そうではなかった。白ネコはその置物に闘争をいどんでいたのである。何分間もかけて、慎重に(つまり多大の恐怖心にやっとのことで打勝って)置物に爪の一撃を与えたとき、白ネコははじめて相手が真の生きたネコではないことに気がついた。

動物の行動を解発するリリーサーが何かを研究しているぼくにとって、これはたいへんおもしろいできごとであった。ネコにとってはいささか腹にすえかねる事件であったろうけれど……。

なぜ幻の動物か

幻の動物のことが、最近とみに話題にのぼっている。一昨年はニュー・ネッシーがあらわれて、本家のネッシーのお株をうばった形になった。結局あのさわぎは、「日本人はネッシーやすく、サメやすい」などと悪口を叩かれながら、サメ説に終わったようである。

幻の日本オオカミの子どもらしきものの発見が、新聞を飾ったこともあった。このときはわずか二、三日でけりがついた。タヌキか何かの子どもだったのである。

ツチノコなるけったいな動物の正体は、いまだにわからない。けれど大谷大学の日下部有信先生は、あれはおそらくムササビであろうと考えている。ムササビというのはリスに似たけもので、高い木のうろに住み、夜になると、前肢と後肢の間に張った膜を翼がわりに広げて、枝から枝へ滑空する。ムササビはちょっとした山には、たいてい見られ、飛ぶ姿をみた人も多いから、わりとよく人に知られている。

どうしてあんな動物がツチノコの正体になるんですかとお聞きしたら、次のようなことだそうである。すなわち、ムササビは昼間は木のうろにかくれて休んでいるが、何かにおどかされると、うろから逃げだすことがある。そして、梢からやみくもに滑空してしまう。夜ならちゃんと距離や行先を見定めて飛ぶところを、おそらくあわてているからだろう、何もない道のほうへ飛びだしてしまって、ついにぱたんと道の上に落ちる。するとやっこさんは手足も飛膜もちぢめて地上に這いつくばる。けものだから胴体はヘビなどにくらべたらはるかに太い。そしてふさふさ毛の生えた、滑空時には舵として働く太い尾は、まっすぐにうしろへ伸ばす。これでちょうど、よく絵にかかれているツチノコの形そっくりになる。おまけに、小さな頭をもちあげ、近づいた人をキラキラ光る二つの目で、ぎゅっとにらむ。これもツチノコそっくり、いやツチノコの話にそっくりだ。

遠くからノコノコ歩いてくるツチノコや、道ばたの草むらからツチノコが這いだしてくるのを見た人はいないらしい。ツチノコはたいてい忽然とあらわれる。滑空してきたムササビが、いきなり道の上に着地すれば、忽然と何かがあらわれたことにはならないだろうか？

これが日下部先生の「ツチノコ＝ムササビ」説のあらましである。ぼくにはたいへん説得力に富んだ、信頼できる説に思われる。

幻の動物はまだまだつきない。どうやらほんとうに日本から姿を消したかにみえるニホンカワウソ、何十年か前にとれて以来、まったく誰も見たことがないといういくつかの鳥など。悪いことに、このごろは何でも幻の何とかにしてしまう風潮さえでてきた。ギフチョウやオオムラサキは、すっかり幻のチョウにされてしまった。

たしかに、子どものころのぼくにとって、ギフチョウやオオムラサキは幻のチョウであった。自然破壊がすすんで、それらのチョウが極端に減ってしまった今日ではない。昭和十何年という時代のことである。いるところにいけば、そんなチョウチョはたくさんいた。

けれど、それをまだ本の中でしか見たことのなかったぼくにとって、ギフチョウやオオムラサキは幻の中の幻だったのである。だから、成城学園の中学に入った夏、成城から祖師ヶ谷へかけての雑木林ではじめてオオムラサキの姿を見たときは、興奮のあまり、網を振ることさえ忘れてしまった。今その場所はぜんぶ家で埋まり、オオムラサキはふたたび、そして完全に幻になってしまった。けれどそれは、ぼくにとっての幻であり、ぼくの好きな古い映画の題を借りるなら、「わが青春のマリアンヌ」とでもいった意味での幻なのである。

だが、新聞やテレビなどで幻の動物というとき、その動物は万人にとって幻なのであり、幻でなければならないのだ。これはなんだかおかしな話ではないだろうか？　日本にはそういった幻の動物がたくさんいる。おもしろいことに、外国にはそんなに多くの幻の動物はいないらしい。なぜ日本だけに幻の動物が多いのだろう？

それは外国にくらべて日本は自然の破壊がひどいからだ、という人もあろう。たしかにそれはまちがいないけれども、外国だって自然がそれほど完全に保護されているわけではない。むしろ問題は、数が減って、姿のみられなくなった動物を、みんな「幻」にしてしまうところにある。幻、幻といったって、それはあくまでまだいるかもしれない実在の動物なのだ。その点で、ネッシーやツチノコはすこし意味がちがう。

幻の動物が日本に多いのは、もしかすると日本人の美意識と関連があるのかもしれない。幻のものは、とにかく美しい。実体性がないから美しいのである。そして数もすくないから、陳腐さもない。生きているのかどうかわからないから、悪いこともしない。こういう動物は、日本人の美意識にたいへんぴったりきそうではないか。

けれど逆にいうと、「幻の動物」好みは、動物学の否定を意味しているようなところがある。幻の動物は、もし実物がみつかったとしても、けっしてそれにさわってはいけないし、その生活に立ち入ってもいけない。その動物を保護するのが至上命令だからである。一方、幻でない動物たち、とくに生身の実体をもって生きているサルやシカなどは、生きるために人里にでてきて「猿害」や「鹿害」をおこし、射殺される。けれど、もし幻の動物を殺した人がいたら、その人が射殺されかねない。「幻」好みの美意識には、かなり恐しいところがある。

実体をもってそこらをうろうろしている動物より、ほとんど実体をもたない「幻」の動物のほうに、人々の関心が向くということは、たしかに世のつねであろう。けれど、幻の動物は名前と存在だけが問題であって、その生活は無いにひとしい。その点からいえば、幻の動物は一度出会ったらそれでおわりである。幻想を維持するには、さらに新しい幻の動物を作らねばならない。

それにくらべて、ぼくにはやはり、幻ではない現実の動物のほうがおもしろい。そもそも動物などというものは、よく考えてみたら生きているのがふしぎなくらい不安定な存在なのだ。その証拠に、ひとたび死んだら、たちまちにして体は腐ってしまう。それが何の苦労もなさそうに生きているのだから、まったく驚くほかはない。それぞれの動物がそれぞれの生きかたをしており、それにははたから口の出しようがない。カバにもうすこしスマートに生きたらどうかと忠告することは無意味である。そして、アフリカの川の中にもぐって撮った映画で見ると、水中を泳ぐようにして歩くカバの姿は、じつにみごとで、優雅でさえある。

ほとんどすべての男が共通に抱いている幻は、森の中で全裸の美女に出あうことである。けれどかつてアンドレ・ブルトンだったかがいっているとおり、もしほんとうに出あったら、きっとだれでも逃げだすにちがいない。

何となく作られたイメージの感のある幻の動物よりそこらにいる実体のある動物を、そして共通の幻より自分自身にとっての幻を大切にしたほうが、ぼくにはどうもずっと賢いことのように思われる。

3

犬のことば

……にとって

一〇年ほど前、ぼくは『動物にとって社会とはなにか』という本を書いた。同じころ、吉本隆明の『言語にとって美とはなにか』が出版され、大きな注目を集めた。さらにこの二つにいくらか先立って、『子供にとって絵とはなにか』という本が出ていたと聞く。

とにかくこのあたりに始まったらしい「……にとって」というタイトルは、その後、悪くいえば大流行となり、「あなたにとって幸福とはなにか」、「人間にとって科学とはなにか」、など、「……にとって」が書物、ラジオ、テレビに氾濫した。

この現象はぼくにとってたいへん興味ふかい。自ら勝手にこのいいかたの先駆者をもって任じているだけに、なおさら興味をそそられるのである。

『動物にとって……』を書いたときのぼくの発想はこうであった、――社会というものは本来いいものとされている。人間は社会を作って助けあい、互いによりよく暮していけるように図っている。いつもこのことが暗黙の、しかも明白な前提となっていた。個人にとって社会というものがしばしば冷たい存在であることは、新聞の三面記事に、しかも「老人に冷たい世間の風」というような形でしか扱われてこなかった。正面切って「社会」を論じる場合、それはつねにいいもの、ポジティヴなものであったのである。

この感覚は動物にまで拡張された。昔から動物の「社会」を云々した人々は多かったけれど、動物も社会を作って助けあうという発想が、つねにその基調をなしていたことは否めまい。

けれどぼくとしては疑問があった。社会は必ずしもいいことずくめではない。とすると、社会とはいったいだれにとっていいものなのだろうか？　社会を作る動物は高等だとされている。けれどそのような動物の個体は、案外、個人と社会の軋轢に悩んでいるのではないだろうか？　そもそも、よりよい生活とか、進歩とかいう概念をもたない動物にとって、社会とはいったいなんなのだろうか？

そんなことを考えだすと、外から頭ごなしに見た「社会」論が、いささか空虚にみえてきたのである。「……にとって」の流行は、一時さかんだった「主体の回復」という意識に裏づけられていたのかもしれない。

ライフか生命か

このごろライフ・サイエンスとかライフ・サイクルとかいうことばが流行している。それは日本語ではどういうんだ？　と聞くと、関係者は一様に困った顔をする。ライフ・サイエンスのほうは、一応、生命科学と訳されていて、その名を冠した研究所もある。けれど、ライフ・サイクルのほうは、むかしから生活史という訳語もあるのに、そんなことばでは表現できないと思っているか、あるいはそんなことばなどまったく知らず、最近にできたすごく新しい概念と思ってこれを使っている人も多いらしい。

それにしても、なぜ生物学か生物科学ではいけなくて、ライフ・サイエンスでなければならないのか？　アメリカで Life Science Laboratory というときの Life Science と、日本でライフ・サイエンスというときのライフ・サイエンスは、かなりちがったもののような気がするのである。

そういうときぼくは、日本におけるこのようなことばの概念に、はげしい断絶のあることにあらためて気づくのである。

英語でいうlifeとは、生命であり、生活であり、人生であり、生きものすなわち生物である。日本ではこれらを包括したことばがない。だから、Origin of life は「生命の起原」であって「生物の起原」ではない。それは「生物」などという即物的で低級なものの起原ではなく、「生命」という崇高なものの起原の問題になってしまうのである。他の分野のことは知らないが、生物学の分野では、こうして生きものの実体を対象とする人々と、生きもの自体でなく「生命」を扱う人々とが、はっきり分離してくるように思われる。ほんとうは生きものという実体なしに生命は存在しないはずなのに……

「生物の」起原といわずに「生命の」起原といい、しかもこの二つがまったく区別されて感じられていることは、一つにはことばの問題でもあるし、一つには感覚の問題のことばへの反映でもあると思う。

「生物の」ではなく「生命の」起原の論議に重きがおかれるのは、まさにミーカーのいう「悲劇的態度」だとぼくは思う。生物科学ではいけなくてライフ・サイエンス、つまり生命科学でなくてはならぬという感覚のうらには、具体的なものを低く見て、一般的なものだけを高く見るという、中世型思考のパターンがみてとれるような気がする。そして、近代文明はその上に立って進んできたのであった。

発展と展開の間

経済学と同じように、生物学も発展が好きである。つまり development のことだ。ただし生物学では development を発育とか発生と訳す。発育というのは、子どもが大きく育ってゆくことであり、発生とは卵から死までの一連の不可逆的過程のことをいう。とくに、種子、卵、ないし子宮の中にいる幼生物がしかるべき形のものになってゆくことに対して使われるのがふつうである。

生物における development が経済における development といちばん大きくちがう点は、生物においてはその「発展」のプロセスもゆきつく先も、もともとはっきり定まっていることである。カエルの卵が develop すれば、卵は孵化してオタマジャクシとなり、やがて手足が生えてカエルとなる。この道を逸脱したものは死ぬだけである。

きまったルートを歩いてきまったところへゆきつくことは、ふつうは development とはいわない。所定のルートをとおってある山に登っても、だれもそれを発展とはいわない。なぜ生物ではそれに匹敵する現象を「発展」とよぶのだろうか。

そもそも development ということばには展開という意味しかなかった。進歩とか発展という概念が生まれたのは、今からたった三〇〇年ぐらい前にすぎないといわれる。それまでは、development ということばも、今では進化と訳される evolution も、ともに展開という意味しかもっていなかったことはたしかだろう。

神の意志でもよし、卵の中に秘められている未来の姿でもよい、とにかく、内にかくされていたものが次々と開かれて現われてくること、それが development であり、evolution であった。おそらくそのような認識から、卵がかえり、育って大人になってゆくことが development とよばれるようになったのであろう。

展開である以上、そのゆきつく先はきまっており、何度くりかえそうとそこに何一つ進歩のおこるはずもない。きわめて近代主義的なテイヤール・ドゥ・シャルダンは神の意志の展開という概念と発展の概念とをむすびつけようとしているが、あえてその必要もなかろうとぼくには思える。

経済においても、ことは本質的には同じなのかもしれない。Developing country（発展途上国！）は developed country（先進国すなわち発展過剰国）を目指して「発展」をつづけているのだから。

環境

だいぶ昔の話になるが、ジャン・リュック・ゴダールのUne femme mariée（日本では「恋人のいる時間」）という映画をストラスブールで見ていた。女とその夫のところへ友人がたずねてくる。夫は「ここはたいへん環境がよくて、ほら、窓にはこんなに光がいっぱいですし……」と、友人にさかんに自慢する。そこで観客はどっと笑う。なぜなら、その説明の文句がある不動産会社のＣＭとまったく同じだからである。

ＣＭのこっけいなところが価値の一元化にあることはいうまでもないが、環境などというおよそ一元化できぬ価値をもつものまで、当然のことのように一元化してしまうのが現代である。まだしも幸せなことに、問題の不動産のＣＭの文句は、とにもかくにも「定性的」であった。けれどこの定量化時代には、人々はよきにつけ悪しきにつけ、環境をも定量化しなければ気がすまない。

環境を定量化して、今ここの騒音は何十フォン、オキシダントは何ｐｐｍとやってみても、それによって客観性に近づくことはなく、かえって主観性が増すだけなのである。環境とは本来主観的なものであるということを忘れてしまうからだ。

いろいろなチョウの行動を見ていると、とくにそのことをしみじみと感じる。アゲハチョウのオスは、空腹のときはメスと同じく赤い花に魅かれる。というより、赤い色にきわめて敏感になり、すぐそこへ飛んでゆくのである。けれど、朝の時間のように、性衝動の高まっているときには、彼らはもっぱらメスのしるしである「黒と黄の縞」を探し求める。

そんなとき、彼らは赤い色などには目もくれない。近くに赤い花が咲いていようがいまいが、一切無関心である。まるで彼らの環境から、赤い色がすべて消えてしまったようにみえる。そして、チョウにとっては実際にそうなのであろう。

午後になって性の時間が終わると、環境の中に赤い花が次々と姿を現わす。そして黒と黄の縞は背景の中に退く。つまり、彼らにとって、ぼくらが「客観的」に見たり測ったりしているような「環境」は、けっして存在することがないのである。

チョウには紫外線が一つの色として見えるので、彼らの見ている世界（ユクスキュルのいう環境世界 Umwelt）はぼくらには実感できない。実感できない環境は大切であるが、それを実感したと早合点してはならない。

人と「動物」

「動物」というとき、人は何を想定しているのであろうか？　半ば無意識に用いられる表現の中でこのことばが何と対置されるかをみてゆくと、そのへんがほぼ明らかになってくる。

まず、「人間と動物」といういいかたが広く通用している。つまり、動物とは人間を除いたほかの動物のことなのである。このきわめてアリストテレス的な、いやそれ以上に人間中心的な表現には、ふしぎなことにだれもほとんど抵抗や矛盾を感じない。それはむしろ当然のことと受けとられ、これに反する表現には、反人道的な冒瀆という印象すら抱きかねない状態ではないだろうか？　人間が動物の一種であることはだれしもアタマでは認めながら、心情的には断固拒否しているのである。

子どもの本などを見ていると、ときどき「昆虫と動物」というようなタイトルの図鑑のあることに気づく。あるいは、何巻かのシリーズが、「植物」、「昆虫」、「動物」のようにわけられている。このとき、動物とは脊椎動物、とくに哺乳類を指しているらしい。

何ごとによらず、人間は自分にいちばん近いものをよく認知し、しかも自分に近いがゆえにそれと自分を区別しようとしたがる。動物ということばによって想定されるイメージも、この自己中心主義の一つの例にすぎないのかもしれない。

けれど、今あげた二つの表現（「人間と動物」、「動物と昆虫」）には、かなり重要な問題が含まれているような気がする。というのはこのいいまわしが、自然科学の領域に属したものであるからだ。

いくつもの価値観が対立していて、それぞれ自分の価値体系こそ唯一のものと信じていることがおのずから明らかである政治や宗教の領域とは異なって、自然科学では価値体系は一つであると教えられ、信じられている。実際にはそうではないのだろうが、すくなくとも今日自然科学の存立の基盤とされているのは、この信念である。その結果として人は、完全な自己中心的価値観によって生みだされた認識をあたかもいわゆる客観的科学的な真理として受入れてしまうおそれがある。いや、現在すでにそこに立ちいたっているといったほうがよい。

アメリカのある科学史学者は「科学とは部族の神話と真実との区別すらできなくさせる自己欺瞞の体系だ」といっている。もしかすると、これもあながち暴言とはいえないのかもしれない。

蝶はひらひら飛ぶ

「蝶がひらひら飛ぶ」というのは、いつのころから使われたものかは知らないが、きわめて人になじんだ表現である。ものすごい早さで飛ぶ蝶について、ビュンビュン飛ぶなどと書くと、編集部でいつのまにか「ひらひら」になおされている。たしかに蝶がビュンビュン飛ぶというのは、ふつうのイメージにはあわないし、それに蝶がひらひら飛ぶことには、それなりの理由があるのである。

それは彼らが目を使ってものをみつけだす動物だからだ。ものを探すのに目を使うのは当り前だといわれるかもしれないが、必ずしもそんなことはない。多くの動物は鼻ないし嗅覚を使って探しだす。警察犬などそのよい例だ。

蝶の雄は、雌の翅の色を目じるしにして、配偶者たる相手を探す。モンシロチョウの雌の翅の裏の、黄色と紫外線のまざった色——この色を指示する特定の単語をわれわれ人間はもっていない——は、モンシロチョウの雄にとっては、モンシロチョウの雌であることの記号である。（記号である以上、これと同じ色をもつ紙切れを雄に示せば、雄はほんものの雌に対するのと、まったく同じように振舞う。つまり、このただの紙切れに飛んできて、それと交尾しようとするのである。)

さて、この記号は光による記号である。光は直進するから、目によってそれを見た雄は、それにむかって直進すれば、雌のところにゆきつける。匂いのようにそこらじゅうに拡散するものを記号に使う場合より、よほどかんたんである。

けれど、それなりに不便なこともある。光が直進するからには、その光の進路を一枚の葉がさえぎっても、もう雌の記号は見えなくなってしまう。ということは、雌の存在を見出すことはできないということだ。

これに対処するにはどうしたらよいか? ひらひらと舞いながら、すこし上から見たり、ななめから見たりすることだ。

もし蝶が蜂のようにブーンとまっすぐ飛んだとしたら、雌をみつけだすチャンスはぐっと減ってしまうにちがいない。

それと同時に、翅が雌の記号である蝶にとっては、翅は大きいほうが好ましい。そのため彼らは、「二つ折りのラブレター」となって、航空力学的にもひらひら飛ぶほかはなくなった。けれどそれは、ひらひら飛ばねば雌が発見できないという要請と、まったく矛盾していなかったのである。

“franglais”

昔、“Parlez-vous franglais?” という本を読んで、たいへんおもしろかった、とくに文法にまで影響がおよぶということが、いろいろな意味で興味ふかかった。

そんなことを日仏会館のパーティーのとき、なだいなだ夫人に話したら、彼女いわく、「うちはまったく franponais よ」たとえば——

「テレビに出る(出演する)」は “sortir dans la télé”,「お風呂に入る」は “prendre le bain” ではなくて、“entrer dans le bain”

ほか万事同様ということなのだそうだ。もちろん、これはだいぶ前の話だから、今ではもうそんなこともあるまいが……

日本語の乱れについてはたえず論じられている。その多くは、今の若い人たちが漢字を知らないというにつきる。その意味では、ぼくなども若い人々にちっともひけはとらない。バラなどという字は、もちろんすぐ読めるけれど、いくら練習してもいっこうに書けない。チミモウリョウなどもそうだ。

だが問題はそんなことではない。よくいわれることだが、たとえば、「次の発車は何時何分の発車でございます」式のどうにもならない奇妙ないいかたが、どんどん広まってゆくことである。みんながこういう文章に慣れてそれを平気で使うようになっていったら、最後には日本語が崩壊してしまうのではないか。それればかりではない。日本語だけでなく、日本人の言語に対する感覚ぜんたいがめちゃくちゃになってしまうような気がする。外国語を学ぶ上でも大きな支障が生じるであろう。それは franglais の流行がフランス語を乱すというような問題とは比較にならない。漢字を知らないとか誤字を書くとかいうことより、はるかに重大である。

どこの国へいっても、誤字やまちがった表現はたくさん目につく。八月が Aôut と書かれた大看板や、geteillt と綴られたポスターも見た。フランスの大学生は、units (unis のつもり) などという誤字を平気で書く。けれど、主語と動詞がこんがらかって、文全体としてはナンセンスになったような文章が書かれていた例は見たことがない。

もちろん、主語がたいへんむずかしい語で、ふつうの人はその正確な意味を知らないときは、この種のまちがいもおこりえよう。しかし、発車などというおよそわかりきった語についてこういうことが頻繁におこるのは、言語そのものについて何か本質的なことがわかっていないからではないか、とすらいいたくなるのである。

語学の才能

世の中にはおよそ人をまどわすことばがある。「語学の才能」というのもその一つだ。

「どうもぼくには語学の才能がなくて……」

というのは、ある種のあいさつか社交辞令のようにも思われるが、これをいう人々は、意外とまじめにそう信じこんでいるらしいのである。けれど当然の話ながら、「語学」なんていうものは存在しないし、ましてやそのような語学の才能などというものもないはずである。

なぜこんなことにぼくがこだわるかというと、畑正憲の初期のエッセイ以来、ぼくは二十三カ国語ができて、語学の才能がある人間だということになってしまったからである。これがうそであることはいうまでもないが、思いもかけぬ人から何度も同じことをいわれているうちに、ぼくは何とかして、この「語学の才能」という亡霊を絶滅してやろうという気になってきた。

それでぼくは、いつも学生にいう。「いかなることがあっても、自分には語学の才能がないなどと思うな！」すると必ずといっていいほど、「だけど、高校のとき英語は乙だったし、発音もうまくできないし、やっぱりぼくは……」というような反論がかえってくる。

そこであえてこういわねばならない。「きみが何かの事情でもしアメリカに生まれ、アメリカで育っていたら、今ごろは何不自由なく英語を使っているはずだ。そのかわり、今きみが自由にしゃべっている日本語は、ぜんぜんできなくなっているはずだ。もちろん、英語で名文を書いたり、名調子の演説ができるかどうか、それは別問題。ことばってものはそういうものなのだ。」

もちろん、これを理論づけるために、ちとむずかしくチョムスキーの生成文法の話をひきあいに出したり、それでも「やっぱり口の構造がちがうのでは？」などという場合には、レネバーグという人の書いた『言語の生物学的基礎』というたいへんおもしろい本の訳が大修館から出ているから、すこし高いけど読みなさい、とすすめたりすることは忘れない。

とにかく、だれが始めたのか知らないが、日本語を国語といい、外国語を語学とよぶことがまったく常識化してしまったために、日本人はやたらと「語学の才能」がないとなげいてみたり、その一方、世界には英語以外の外国語が厳然と存在していることをいまだに実感できないでいる。試験の答案やレポートが支離滅裂だから、入学試験の科目に国語を入れた大学もすくなくないと聞いている。言語学者はがんばって下さい。

犬のことば

去年から今年にかけて、ぼくの家には犬やネコが何匹も舞込んだ。ネコは近くのうなぎ屋さんにうなぎを注文したときに、蒲焼といっしょに配達された。その店にいた子ネコたちを見た妻が、「まあ、かわいい」とほめたからである。小さな娘であったそのネコは、「まだ子どもだからそんなことないでしょ」という妻の期待（?）を裏切って妊娠し、この四月に四匹の子を産んだ。

イヌは次のようなわけで割当てられてきた。近くの分譲地で建築中の家の床下に一匹のメスのノラ犬が住みつき、まもなく七匹の子を産んだのである。家は次第にできあがり、引渡しも近づいた。建設業者としては、のら犬つきの家を客に渡すわけにはいかないので、まわりの家に一匹ずつくばって歩いたのである。

その後、この子たちの母犬は多忙だった。夜になると、せっせと一軒ずつ、わが子のいる家を巡回し、ついでにそこで子どもに与えられている餌のお相伴にあずかり、しばらく子どもと遊んでゆく、子犬のほうはたいていはつながれていないので、親子で路上へでてゆき、仲よく、たのしそうにたわむれている。子犬が大はしゃぎで走りまわり、どこかの物かげに姿を消してしまっても、親は落着いて道にねころんでいる。ところが、ぼくらが子犬をこっそりつかまえて、家へ連れ帰ってしまうと、親犬はたちまちむっくりおきあがり、いそいでとりもどしにくるのである。どうしてわかるのか、ぼくにはとうとうわからなかった。

しばらく遊んでいるうちに、親犬は子犬の耳もとで何かいう。というのはもちろんきわめて擬人的な解釈で、じっさいには、子犬に顔を近づけて、一瞬じっとみつめるだけだ。すると、子犬はじつに物わかりよく、くるっと親に背を向けて、トコトコと家へ帰ってくる。親もちょっとの間だけ子犬を見ているが、自分もさっと向きをかえて、次なる子どものいる家へ小走りに走ってゆくのである。

親犬は子どもに何といったのであろうか？　これもずいぶん一生けんめい観察してみたが、夜のことでもあり、あまり近づくわけにもいかないので、けっきょく何もわからなかった。しかしそこで、何らかの方法による明確なるコミュニケーションがなされていたことはたしかである。親犬は明らかにこういったのだ――「さ、お母さんはもういくからね。おやすみ！」

あいさつ

なにを今さらといわれそうだが、このごろ新幹線に乗るたびに驚き呆れていることがある。ビュッフェも食堂も中央部に集中してしまっているから、一号車や一六号車に乗ろうものなら、えんえんと何輛にもわたって歩いてゆかねばならない。それはそれで楽しくないことはないのだけれど、びっくりするのは、むこうから歩いてくる人とすれちがうときである。

「失礼」とか「すみません」とかいうことばを聞くことは、まず絶対にないといっていいほど稀である。こちらがちょっとよけても、お礼をいう人はいない。「お礼どころか当然だという顔をしてる」といって怒っている友人もいたが、問題はもっと根深いようにみえる。つまり、相手がそこにいるということ自体に、何ら気がついていないらしく思われるのである。

すれちがうときによく注意してみていると、じっさいにそうであることがわかる。「失礼」とか「すみません」などということばがでないのはあたりまえのことで、個人と個人が、限られた空間で出合っているのだという認識すらないらしいのである。

相手の顔を見て、ちょっとあいさつをするという、きわめて動物的な行動パターンは、完全に失われてしまっているようにみえる。これは新幹線にかぎらず、エレベーターでも、へやの出入口でも、日本人に特徴的なことである。ヨーロッパでも、アメリカでも、アフリカでも、日本人、それにどうやら一部のアジア人を除けば、たいていはなんらかのあいさつがなされるのがふつうだ。「知らない人なんだから、あいさつなんかする必要はない」——何人かの日本人の意見を聞いてみると、だいたいこういう返事がえられる。これはぼくにとってはほんとうに驚きであった。知らない人だからこそ、あいさつをする必要があるのではないか！

日本人は洗練されたことばにもたれかかって、人間個人と個人の間の動物的なあいさつを失ってしまったのだろう。互いに相手の顔を見ないでものをいうことは、商店で買物をするときにも、レストランで注文するときにも、日本人の間ではきわめて普通であり、日本人以外の間ではきわめて稀である。日本人のうす笑いを外国人がふしぎに思うのも無理はない。それは一対一の人間関係の否定の上に成立った笑いであり、日本人はそれをあいさつと思っているからである。あいさつというのはもっとずっと動物的なものであり、それゆえ人間関係にとって基本的に大切なものなのだ。ぼくは日本が「ことだま」の国であるのを、苦痛に思うことしばしばである。

キチョウの季節

秋がくると、小さな黄色いチョウが目につくようになる。草原や茂みのあたりをチロチロと飛びまわっている姿は可憐である。

これはキチョウ（黄蝶）というチョウで、類縁からいえばモンシロチョウに近い。その翅の黄色はみごとなもので、とくに雄はなんともいえないいい色をしている。以前からぼくは、これと同じ色のシャツが着たいと思って探しているが、いまだにみつからない。

なぜこんな色をしているのか。それはある言語がなぜこの子音をもち、べつの子音をもたないのかを問うのと同じことで、おそらく答えは得られないだろう。

雌は雄よりずっと色がうすく、人間の目には雄ほど美しくない。しかも、雄はこのうすい黄色に魅かれて雌を見出す。雄のみごとな黄色は、雄にとってはそれほど魅力ではないらしい。

秋に現われるキチョウは、じつはキチョウの秋型である。キチョウは夏にも現われるが、夏のものは翅が幅広く黒くふちどられ、夏型とよばれる。夏型のキチョウが産んだ卵からかえった幼虫が育つと、秋型のキチョウになる。秋型のキチョウはもともと越冬型にできていて、寿命が長く、卵も翌年の春までは熟さないようになっている。

ちょうど秋が深みかけたころに越冬用の秋型が現われてくるのは、うまくできているとしかいいようがないが、今、I・C・Uにいる加藤義臣氏のかつての研究によると、じつはキチョウが夏型になるか秋型になるかは、幼虫時代の日長（昼間の長さ）によってきまるのである。旧盆をすぎて秋風が立ちはじめ、日も短かくなったころに育った幼虫は、自然と秋型のチョウになる。けれど、人工的に電灯をつけて日を長くしてやれば、何も知らぬ幼虫はみな夏型のチョウになってしまう。同じようなことは、ほかの多くのチョウでも知られている。日長は季節を予知させる重要な信号なのである。

冬が近づくと、秋型のキチョウはどこかものかげにひっそりかくれて冬を越す。そして翌年の春、幼虫の餌である萩の芽がふくころ、そこへ卵を産む。ぼくが子供のころには、キチョウが親で冬を越すことが知られていなかった。春にみられるのは、幼虫かサナギで冬をこしたものが新たにチョウになったものと考えられ、春型とよばれていた。図鑑には、「春型は秋型に似るも、次の点で異る」などと書かれていた。その後、秋型のキチョウがそのまま冬を越すことがわかり、「春型のキチョウ」なるものは、ことばも実体もこの地上から姿を消した。

前島先生の授業

旧制高校の授業がほとんど「語学」ばかりであったのは周知のことである。成城高校でも同じだった。理乙つまり医学生物系は、一年から三年までを通じて、第一外国語のドイツ語が週に十一時間、第二外国語の英語が週九時間であったと記憶している。

その英語の一つに、前島儀一郎先生の授業があった。なにぶん終戦直後のことで、成城の校舎は大部分焼けてしまい、高校は広漠たる相模原の淵野辺にあった兵舎に移った。そこに第二の成城の地を築くのだとかいう半ば悲壮な学校側の声もあったが、とにかく先生はイモ作り、学生はバイトにあけくれている始末だった。

けれど、前島先生の講義は、ぼくにはものすごくおもしろかった。「教科書は当分使いません」といって配られたのは、何というか、センカ紙ともちがう、うすい、といってそれほど悪質でもない、和紙のようでまっ白い紙にびっちりタイプされたテキストだった。

タイトルには"How to master English"とあった。これだけ見れば、いわゆる日常英語のハウッーものと思うかもしれない。けれども、中身は要するにオールド・イングリッシュのテキストであった。ぼくらはそれに従って、fechten、fōchte、gefochtan とかいう古代英語の不規則動詞の変化を習い、gefochtan は je-fóxtən と発音するのであって、やがてこの前綴が落ちてしまうのだということも教わった。

英語をマスターするにはまず、ゲルマン語との関係を知らねばならぬ、という先生の講義は、じつに新鮮だった。つづいて、話はラテン語、ギリシャ語との関係に入っていった。

一年のときのこの講義が終わり、テキストのリーディングになっても、たとえば pecuriary という語はラテン語の pecus（お金）に由来し、この pecus はドイツ語に入って Vieh となる、それは一つにはドイツでも家畜は財産であったからであり、また一つにはラテン語の p はドイツ語では v になるという通則があるからだ、というような解説をつぎつぎにして下さった。つまり先生は、ぼくらに比較言語学の手ほどきをしてくれたのである。

ぼくはすっかり感謝して、先生にラテン語を教えてほしいと申出た。ギリシャ語はちょっとあとにして、大学一年のとき、日仏学院の Paul Anouilh 先生に教わった。二つとものにはなっていないが、ぼくが言語というものに関心をもつようになったのは、前島先生のおかげである。

ナミアゲハ
Papilio

4 近代科学をめぐって

ジャック・モノーの死

ジャック・モノーが死んだ。今、彼の追悼文を書くようにといわれて、ぼくはいささか当惑している。

ぼくは彼を直接的には知らないし、研究分野もぜんぜんちがう。思想的にもとうてい同じとは思えない。故人に共鳴し、傾倒している人の書いた追悼文は人の心を切々と打つが、そうでないものが書いた追悼文にも、何らかの意味があるのだろうか？

モノーがノーベル賞を受けるすこし前、ぼくはたまたまフランスにいた。そして、若い人々がモノーに強い関心をもっているのをつぶさに感じることができた。彼らにとって、モノーはフランス生物学の急先鋒であり、パストゥール研究所の彼の研究室は、あたかも一つのメッカのように感じられていたようである。

そんなわけで、ノーベル賞受賞後、彼がどういう振舞いをするか、ぼくはたいへん興味をもっていた。雑誌「みすず」に紹介された、たしかレクスプレス誌の記事は、ぼくの予想以上のモノーの姿を伝えてくれた。記憶している方々も多かろうが、彼の追悼文である以上、そのあらましを記しておきたい。

文部大臣が主催したノーベル賞受賞祝賀会の席上、一緒に受賞したアンドレ・ルヴォフ、フランソワ・ジャコーブにつづいて、最年少のモノーが立った。そして、この二人とはうってかわった、激烈なことばであいさつをした。

――自分が大学にポストを求めようとしたとき、文部省は不可能だといった。お前のやっている研究は、文部省が大学に定めているいくつかの教科のどれにも該当しないからというのである。(因みに、当時フランスの大学では、学生のとるべき教科は、微生物学、植物生理学、動物学その他、ごく少数のものに定められており、それはどの大学でも同じだった。したがって、このわくからはずれた新しい分野の講義というものは、すくなくとも表面的には認められていなかった。そのかわり、単位の互換などということについては、何の問題もなかった。)しかたなく、自分はルヴォフが暖かく申し出てくれたパストゥール研究所に入り、そこで研究した。フランスでは、なにかというとアメリカの悪口をいう。しかし、アメリカの大学では、学問の進歩に応じて、新しい分野の講座をどんどん作り、新しい研究を進めてゆく。それでこそ大学なのだ。その意味で、フランスの大学は大学ではない。じつをいえば、大学を嫌う支配者のつねとして、ナポレオンはフランスの大学を骨抜きにした。それ以来フランスには、大学というものは名前としてしか存在していなかった。この名のみの大学は、研究などまじめに考えたことはなく、ひたすら中等教員の養成に狂奔していたにすぎない。われわれはもっとアメリカに学ばねばならない——大要すれば、こういうあいさつであった。

大学ではなくパストゥール研究所という民間の機関で研究していた彼が、ジョリオ＝キュリー夫妻以来二十何年間フランスにはまわってこなかったがゆえに、あれはアングロサクソンのための賞なのだとまでフランス人の間でいわれていたノーベル科学賞をとったのは、フランス文部省にしてみれば、じつに苦々しいことであったろう。そのころのフランスのノーベル賞コンプレックスはかなりひどく、東京オリンピックで米、西独、ソ連、日本が金メダルをずらずらと獲得したのを見て、「オリンピック金メダルの国は、ノーベル科学賞の国」と大見出しにかかげた新聞もあったくらいである。モノーのこのはげしい告発は、大きな共感をもって迎えられたにちがいない。

その後まもなく、彼はあの五月革命にコミットすることになる。その際、彼がどんなに華々しい役割を果したかは、ここで述べる必要もあるまい。けれど、つい二年ほど前、久々にフランスを訪れて、ぼくは愕然とした思いをおさえることができなかった。努めて人間味をぬぐい捨てたようなあまりにも近代建築のパリ大学ジュシュー校舎、今さらになって分子生物学や生物物理学など一連の流行科学の研究所が立ち並んだストラスブール大学等々、ひたすらに近代化のみを追い求めたとしか思えない大学のたたずまいに、ぼくは何ともいえぬ悲しさをおぼえたからである。

『偶然と必然』についてかつてぼくが書いたのは、生物の合目的性ということを正面切って認めるという、分子生物学者にしては大胆な見解に立ちながら、モノーは所詮近代主義者にすぎないということである。今、ぼくはこれを過去形にして、「すぎなかった」といおう。

人を追悼するにあたってこのようにいうのは、非礼きわまることにちがいない。だが、ぼくがあえてそれをいうのは、ジャック・モノーという一人のやはり偉大な天才において、現代における近代主義思想の根強さをまたもやみせつけられた思いがするからである。西欧文明のパターンに一度はまりこんでしまったら、近代主義をその破綻の極みまで追求してゆかねばならぬものなのだろうか？

人間は動物プラス……

自然科学者の手による人間や宇宙についての本が次々に出版されているが、それらを見ていると、ある奇妙な印象を受ける。たとえば、天文学者の小尾信弥氏が最近まとめられた『宇宙の進化』（朝日出版社、エピステーメー叢書）は、たいへんおもしろく、含蓄の深い本であった。これは著者があとがきで述べているとおり、「膨張し進化する宇宙」でくりひろげられる「星や銀河のドラマ」を描いた「現代の星空のロマン」である。

問題は、小尾氏の本がというわけではなく、このようなロマンがつねに人間の知に対する自信に裏づけられていることである。科学者が人間の知に信頼をおくのは当然のことであろうが、ぼくがはじめに「奇妙な印象を受ける」といったのは、しばしばこの信頼が科学者のみならず、広く一般に人間の精神というものに対する過信となっている状態が、ふしぎなことに自然科学の分野でとくに強いのではないかと思われるからである。

このような過信が今日の公害や非人間的状況を生んだのだ、というような批判はすでに多くの人々によっておこなわれており、自然科学者自身も自らに過信を戒めようとしている。けれど、この戒めや批判はどこか中途半端なところがある。過信の裏返しとしてばかに人間の無知を強調する科学者があるかと思うと、大切なのは知や科学でなく、心であるとあからさまに説く人もある。そしておもしろいことに、そのいずれにも共通しているのは、「人間は動物プラス・アルファの存在である」という認識、いや信念である。

ぼくは自分が生物学でなく動物学をやっていると思っているためか、人間は動物だが動物にはとどまらないとするこの手の認識にいささか過敏なのである。それはなぜかというと、『人間への選択』(紀伊国屋書店) その他ルネ・デュボスの一連の著作や、ポルトマン『生命あるものについて』(同) などにみられるような論旨が、「人間は動物とちがって精神をもつがゆえに人間である」という、一見だれにも異論のなさそうな認識の上に立っており、いわばデカルトの心身二元論に固執したままであって、人間の今日的問題の出発点とはなりそうもないからである。

精神とか心とかいうものが、アプリオリにそれほどすばらしいものなのか、動物にはそれに類したものがまったくないという想定はどこからでてきたのか、ぼくにはどうもよくわからない。動物が「暗黙の思考」をしているという見解は、ケーラーをはじめとする動物学者によってかなり古くから主張されてきて、おそらくはまちがっていないものと思われる。だとすると、(人間以外の) 動物のもつこの思考もまた、動物プラス・アルファだということになってしまうのではないのだろうか？

そのように考えてみると、「人間は動物プラス……」といわれるときの、「動物」とは何を指しているのかがわからなくなってくる。どうやらこれは、人間は尊いものという規定がまずあって、その基準からみて「低い」ものを「動物」とみなすことにしているにすぎないように思われる。「動物は本能だけで生きているが、人間は……」というような文脈における本能ということばもまた、この程度の意味でしか使われていない。

最近、動物の行動学（エソロジー）から生みだされてくるいろいろな概念や見解について、それが還元主義であるとか、新本能主義であるとかいう批判がさかんである。批判はたいへんけっこうなのだが、そのような批判の基盤となっているものが、この形での「人間は……」といった信念である場合が多いようにみえる。これはじつは科学の問題ではなくて、信仰の問題である。ぼくが奇妙な気がするのは、自然科学者がどうやらこのことに気づかぬまま、「人間は……」という論を進めているのを見るときである。

本能代理としての文化

どういうわけか、なかなかみつからなかった岸田秀氏の『ものぐさ精神分析』（青土社）をやっと学生が買ってきてくれた。岸田氏はストラスブール時代の友人である。冬のストラスブールの二ヵ月ほどの間に、れいれいしく「水道あり」という看板を掲げたホテル・オリビエなる下宿屋の彼の部屋や、店のしまるのが早いストラスブールでは数少ない深夜営業のシェ・マリウスで、あくことなく彼の話をきいて多くのことを教わったが、何よりも彼のとぼけたようで、先鋭な話が印象的だった。

『ものぐさ精神分析』を読んでいると、その印象がますます強まってくる。精神分析の研究者である岸田氏のことであるから、当然ながら、立論の基盤は精神分析にある。だいたいわれわれは精神分析なるものに多大な関心をもつ一方、何かごまかされたような感じを否めずにいるのだが、そのあたりがつっこんで論じられているのが快い。

前章でぼくは、精神の「価値」のようなものを問題にした。岸田氏のこの本もそのことを考えさせてくれる。例えば「国家論」の章で彼はいう。

「今や成熟した感覚運動器官を基盤として成立した自我は、多少とも現実を認識できるから、この現実の世界で自己を保存するためにはどのような行動が必要であるかをある程度は理解する。しかし、その行動のために必要な自己保存本能のエネルギーは、幻想の世界で遊び呆けているのである。指揮官がいくら命令を発しても、兵士がついてこないようなものである。この状態が、現実原則に従う自我と快感原則に従うエスとの対立としてフロイドが記述したものである。現実原則と快感原則とのこの対立と分裂は、人類だけが直面する悲劇であり、動物においては、現実への適応と快感の追求とのあいだに矛盾はない。フロイドの言うところのエスとその快感原則は、人類に特有な本能のずれと歪みを表わしており、決して動物における本能と同一視できるものではない。エスは本能ではない。快感原則は本能の原則ではない。それはむしろ、幻想の原則である」

この「幻想」が人間の精神をふりまわすわけであるが、それはまだ私的なものでしかない。個人個人が勝手な私的幻想にふけっていたのでは、人類は滅びてしまう。そこで「文化が発生した。文化は、矛盾する二つの要請を同時に満たすものでなければならない。一つは、曲がりなりにも現実の自己保存または種族保存を保証する形式を提供するものでなければならない。もう一つは、できるかぎり各人の私的幻想を吸収し、共同化し、それに満足を与えるものでなければならない。

文化は、前者の意味において、本来の現実、いわば物理的現実の代用品、つまり作為された社会的現実であり、後者の意味において共同幻想である」

ぼくはかつて、「代理本能」なるものを考えたことがある。他の動物とちがって人間には遺伝的に組み込まれた行動パターンという意味での本能が大幅に欠落しているらしい。もしそうなら、人間は本来的にはきわめて自由で、いかなる行動もできるはずである。

しかしそれでは集団は維持されない。そこで文化なるものによって本能代理のものをつくり、それを個人にはめこむことによって、かろうじて動物並みに集団維持の可能性をえた。従って文化とは、人間を動物以上にひきあげるものではなく、むしろ人間を動物レベルに止めるものだ、というのがその大要である。

岸田氏の共同幻想論はぼくの粗雑な説よりはるかに論理的に展開されているが、いずれにせよ文化というものに与えられていた価値に疑問を投げざるをえないという点で、ぼくは大いに共感をおぼえるのである。

科学という共同幻想

共同幻想について多少とも述べた以上は、科学のことにふれねばなるまい。先日の本紙〔読売新聞〕書評欄にもとりあげられた『何のための科学か』（バーナード・ディクソン著、増田幸夫・塩川久男訳、紀伊国屋書店）は、とくにその前半の何章かは、この意味でたいへん興味ぶかかった。

科学者と称し、また目されている人々自身はもちろん、自然科学系の教師、科学には無縁ということを誇りに思いつつも、そこはかとない劣等感を抱いている職業の人々、そして、「科学に弱くて……」などと恥ずるようなことを口にしながら本当はどうとも感じていない人々を含めて、科学とはこういうものだという共通の認識が強固に作りあげられている。そしてもちろん、科学への不信もまた、その認識にもとづいてかもしだされてくる。

科学のこれ以上の発展に対する危機感は、この一〇年来、とみに強まってきたが、その大部分は、科学によって得られた知識が技術化されたときに生じうることについてのものであって、じっさいには科学そのものについてのものではない。

フランシス・ベーコンに始まる帰納法は、長い間科学の基礎的な方法と考えられてきた。日本でも自然科学の教育は、この考えの上に立っておこなわれてきたし、今日でも教育にたずさわっている人で、これを疑っている人はすくない。だが、科学の方法はじっさいにはそのようなものではないらしいのである。『何のための科学か』から引用するならば、「ダーウィンはこう言っている——私は真の意味でのベーコン的原理に従って仕事をしてきた。私はどんな理論も用いずに、投稿質問、腕のよい飼育家や庭師との会話、そして広範な読書を通じて、事実を片っ端から収集した。——ところがメダウォー卿は、一九六七年のラジオ講演でこう述べるのである。——彼はこのような推論は全くしなかった」

もう二年ばかり前になるが、アメリカの科学史学者ジェラルド・ホルトンが「サイエンス」誌で論じていた「科学的思考における主題の役割」の問題は、ぼくには今でも興味ぶかく思われるのである。

ホルトンはいう——科学の発見というものは、事実の証拠の上に立ってなされるものと信じられてきた。けれど、どう考えてもそうとは考えられない場合がたくさんある。たとえば、電荷というものが或る量を基本とした不連続量であることを証明した、いわゆる「ミリカンの油滴実験」で名を知られている物理学者ミリカンは、彼自身のも含めてあらゆる実験結果が、電荷は連続量であるということを示していたとき、あらゆる証拠に反して彼は、「電荷とは不連続量である。そのことが証明されないのは、実験の方法がまちがっているからだ」と信じていたらしいのである。

この「連続」とか「不連続」というのがホルトンのいう「主題」（テーマ）なのだが、もしホルトンの見解が正しいとすれば、ある科学者がどのようにして、またなぜ、ある主題に「固執」するようになるのかは、興味ぶかい問題であろう。

さらにホルトンはいう――いろいろ調べてみると、自然科学における大部分の主題はギリシャ時代にすでにみられるもので、近代科学がつけ加えた主題はごくわずかしかない。そして、人間の集団的な科学的知識というものは、ある方向をもって蓄積してゆくのだと一般には考えられてきたが、これもまた疑わしい。（アメリカの）多くの科学史家は、もはやそうは考えていない。「蓄積はするが、方向性があるように見えるのは、のちに淘汰がはたらくからだ」と考える人々はまだいいほうで、多くの人は蓄積などしないと考えている。つまり、かつての天文学者より今日の天文学者のほうが宇宙に関してより多く知っているわけではないのだ、と。

ホルトンの説にはもちろん反論もある。しかし、科学という共同幻想が、一方ではいやが上にも強化されつつあるようにみえながら、一方では意外なほどぐらつきつつあることもたしかなようである。

ファーブル随想

数年前、ある必要があって、ファーブル『昆虫記』の原書、つまり“Souvenirs Entomologiques”を買おうと思った。ところが、フランスの出版カタログをいくらしらべてみても、この本はのっていないのである。素人の調査ではだめかと思って、出版貿易関係やエージェントにもたのんでみたが、結局は同じことで、要するに、ファーブルの昆虫記は現在フランスでは出版されておりません、という返事だった。

これはいささかおどろきであった。日本では、岩波文庫の完訳版をはじめとして、少年少女向きのダイジェスト版が何十とある。それが、本家本元のフランスでは、一つも出ていないのだ。最終的に手に入ったのは、一九二〇年代にドラグラーヴ社から出版された Edition définitive（決定版）というやつで、岩波文庫版の底本となっているものだった。

この版をパラパラめくってみて、またおどろいたことがあった。ファーブル昆虫記は全一〇巻から成っており、全部が出版されるまでにかなりの年数がかかっている。ところが、決定版をいくらしらべてみても、たとえば第六巻の初版は何年に出たのか、どこにも記されていないのである。そういうことがわかったのは、最近ファーブルの足跡をつぶさにたどられ、人間ファーブルの姿を日本にはじめて紹介された津田正夫氏の著書（『ファーブル巡礼』）によってであった。先年開かれたファーブル展（朝日新聞大阪本社企画）には、津田氏の多大の情熱によって、ファーブルの愛した「小さな机」をはじめ、ファーブルの肖像でおなじみのあの黒いフェルトの帽子など、数々のものが出品されることになった。幻のみ名高いファーブルの姿が、やっと現実のものになったようにぼくは感じた。

ファーブルの研究についての評価は、その有名さとはうらはらに、けっして高くない。かつて何十年も前、「日本のファーブル」という賛辞を世間から捧げられた昆虫学者がいたが、本人はともかく、その友人たちは、とんでもないという感情をもっていたようである。彼ははるかにファーブル以上であるというのだ。

ファーブルは科学的でない、昆虫記の記述はしばしばまちがっている、という声を耳にする。たしかにまちがっているところもある。しかし、もはや一〇〇年近い昔になされた研究である。今からみればまちがっていた、ということがなかったら、およそふしぎではあるまいか？　ぼくはむしろ、ファーブルの研究の進めかた、考えかたの中に、すこしゆきすぎとさえ思われる厳密さをみる。シデムシが小動物の死体を埋めるのを見て、彼は一連の実験を試みる。セミが鳴き声でメスを呼ぶのではないかと考えて、村の祭に使う大砲を打ってみる。そのほか彼は、ことあるごとに実験をして、仮説を検証しようとしている。このようなやりかたは、つい最近まで、日本のナチュラリストの間には定着していなかったものである。

仮説と実験というプロセスは、日本ではいわゆる「科学的」なものの考えかたという形で輸入され、実験室の中で展開された。そして、教科書で教えられ、実習室できたえられ、入学試験のペーパーテストでためされた。そのためであろう、仮説というものは単なる思いつき以上に重大で確固とした基盤をもつ何物かと考えられるようになり、実験というものもまた、おそろしく厳密で慎重な、心身を清めたのちにはじめて許されるような何物かとして受取られるようになってしまった。村上陽一郎的にいうならば、神聖化されてしまったのである。この感覚からファーブルをみれば、ファーブルのしごとが俗な百姓のたわごとにみえてくるのも無理はない。

ぼくがファーブルを読んだのは、けっして早くはなかった。ダイジェスト本はべつにして、はじめてちゃんとファーブルに接したのは、大杉栄訳の叢文閣版でだった。ちょうど戦争たけなわの時代であったので、寮の書棚に何気なくおかれてあったこの本は、「大杉栄訳」であるというだけで、かなり先生方の目をひいたらしい。大杉栄がどんな人物であるかすら教えられていなかったぼくには、先生方の困惑したような目つきが、まったく理解できなかった。

その後まもなく、都内の家が空襲で焼けて、ぼくら一家は秋田の大館へいった。もってゆくものとてなかったが、昆虫記だけはたずさえていった。何一つすることもないままに、なんども昆虫記を読みかえしていると、どうしても疑いがわいてきてしかたがない。それは、べつにむずかしい疑いではなくて、あの小さなハチが、ここに書いてあるようなことを、ほんとうにするのだろうか？　という、単純素朴な疑問であった。

裏庭にでてみると、地面にポツポツ小さな穴があいている。アリの穴でないことはたしかである。しばらくじっと見ていると、その中から小さなハチが忽然とあらわれて、ふいと飛びたつ。なんだかファーブルのいうとおりだ。そこでもうすこし待ってみる。ハチはやがて帰ってきて、穴の中へ姿を消す。そのうちにぼくは、もっとおもしろいことをみつけた。一見何でもない砂地に、突然、小さな黒いハチが何かをくわえて舞いおりた。そして、砂を掘りはじめたと思ったら、くわえてきたものもろともに、砂の中へもぐりこんでしまったのである。すぐにそこを掘ってみようという誘惑に耐えて、ぼくは待っていた。やがてゴソッと砂が動いて、さっきのハチがでてきた。そして空中へ姿を消した。気がつくと、そのあたりでは、同じことが何カ所かでおこっていた。ぼくは一カ所を掘ってみた。中から小さなハエのばらばらな死がいにかこまれて、ハチの幼虫が一ぴきみつかった。昆虫記に書かれていたハナダカバチの話とそっくりであった。このハチはハエをつかまえては、あちこちに作った巣の中の幼虫にくばってまわるのである。ただし、ぼくの見たハチはハナダカバチよりはまるで小さくて、まったくべつの種であった。

ファーブルの評価にかなり大きくかかわっていると思われるのは、彼が徹底して進化論に反対であったということである。狩人バチが、すこしずつ狩りの技術がうまくなっていった、というようなことはありえないと彼は強調している。だから進化論など信じられないというのである。ファーブルの反進化論思想が何に由来するのかについては、いろいろな議論がある。ファーブルはけっして保守派ではなかったという人が多い。では、なぜ彼は進化論に反対したのか？　ある人によれば、それはファーブルが農民であって、農民特有の保守性が、新しい思想にたやすく共鳴することをためらわせたのである、という。けれど、こういう説明はえてして身勝手な議論になりやすい。ぼくにはもっと単純に、それはファーブルが昆虫のおどろくべき生きかたをあまりつぶさにみすぎたからではなかったかと思われるのである。

『ソロモンの指環』に寄せて

自分の訳した本なのでたいへんためらわれるのであるが、もっとも忘れられない本を一冊といわれたら、やはりこれになってしまう。この本の英語版には New Light on Animal Ways というサブタイトルがついているが、いろいろな意味でこの本は、ぼくの道にとっても一つの新しい光を投げかけてくれた。

著者コンラート・ローレンツは、今ではよく知られた動物行動学者であり、エソロジー(行動生物学)という生物学の新しい分野を開いた人である。学問の新しい分野が開かれるときに、それまでのやりかたとは異なった研究方法がその原動力となるのはおおむねふつうのことかも知れないが、エソロジーの場合には、およそ一般に考えられているいわゆる科学発展の歴史とはかけはなれた様相を呈していた。

ローレンツの「研究」は、ウィーンに近いアルテンベルクの自分の家で、放し飼いにした動物たちとつきあうことであった。アヒルやカモたちの一群をひきつれてドナウ河のほとりまで歩いてゆき、そこにすわりこんでカモたちがゲッゲと鳴きながら、なにやらごそごそしたり、眠ったりしているのを見ている。かと思えば、一羽のひなからはじまったコクマルガラスの群れにおこる大小さまざまな出来事を追ってゆく、ただそれだけのことである。

そんなものはただの動物の観察で、小学生の夏休みの宿題にも劣るものと思われよう。学校できびしく教えこまれている近代科学の方法とは、縁もゆかりもなさそうにみえる。近代科学の誇りとする実験もなく、測定もない。すべての科学は測定であるが、すべての測定が科学ではないと、近ごろではよくいわれる。けれどローレンツの研究には、はじめから測定などというものは含まれていなかった。

それがなぜ、生物学の一つの新しい分野を生み出すに至ったのか？　そこにぼくはローレンツのすぐれた洞察を見る。わけのわからないコクマルガラスの行動の中から、彼は行動の生得的図式という概念をくみとる。動物の形態的特徴が一つ一つの種ごとに遺伝的にきまっていて、ゾウはゾウに、カバはカバにしかならないように、動物の行動も種に固有な遺伝的プログラムによって、「生得的」にきめられているのだ、という彼の認識は、今日の現代生物学からすれば当然のことのように思われる。けれどこの認識は、はじめは人々に伝わらず、その後広く知られるようになると、はげしい反論の的となった。生得的ということばが先天的ということばと混同されたことも、誤解をエスカレートしたし、学習による進歩を信仰する近代の価値観とも、真正面から衝突した。
その一方、鳥たちの行動の観察から彼がくみとったもう一つの概念、つまり「刷りこみ」の概念のほうは、幼児体験の重視という今日の風潮の中で、むしろ幸せな待遇を得てきたようにみえる。

生得と学習をめぐる論争は、政治的な面を除けば、ほぼ決着をみたといってよかろう。ローレンツの意見もいろいろに紆余曲折を経たけれども、基本的には彼のほうが実体をよくつかんでいた。

彼が動物たちと本格的につきあいはじめた一九二〇年代といえば、西欧近代科学の一つの興隆期である。その後一〇年ほどのうちに、彼の基本的認識はほぼできあがっている。そのような近代科学の時代に、彼がある人々の眼には、およそ前近代的、前科学的とうつるであろう方法で動物の行動に迫ってゆき、その結果、きわめて現代的な認識に到達したことは、ぼくにはたいへん興味ぶかく思われる。

ローレンツの他の本と異なって、この本には彼の研究の途上でのできごとが、じつに楽しい筆で書かれている。最近、とくにノーベル賞受賞後のローレンツに向けられた数々の批判や非難には、無理からぬところも多い。それは彼が不用意に口にした本心に、物議をかもすものがあったからである。けれど、彼がはじめて書いた本であるというこの『ソロモンの指環』には、そのようなところはない。彼と動物とのつきあいがありありとわかるように書かれており、しかもその諸所に、彼の洞察の鋭さがみられる。生物学というものがどのような学問であるのか、ぼくは改めて感じるところが大きかった。

創造の源泉としてのデタラメ

ぼくはほんとにジャズが好きなのであろうか？　人にきくと、ぼくはジャズが好きなのだそうである。ぼくもそうだ、そうだ、なんて思ってしまうことが多い。

けれどぼくは、べつにジャズのレコードを集めているわけではないし、今度、だれそれの新しいのがでるぞ、なんて胸をわくわくさせてその日を待つこともない。そもそも、世界の有名なジャズメンの名を一〇人あげてみろ、なんていわれたら、三人目あたりでもうしどろもどろになってしまうだろう。それでも、やっぱりぼくはジャズが好きなのかな、と思うときがある。

なぜかというと、ぼくはいろいろな音楽の中で、ジャズを聞いているときにだけ、陶酔できるからだ。そういっては申訳ないが、クラシックはいかに大ベートーベンの曲を高名な何とかフィルハーモニーが演奏したものであっても、さっぱり感激しないのである。つまらなそうな顔などしていると、知性と教養をうたがわれるから、じっと眼などつぶって一心に聞きいったような顔をしてみるのだが、ますますいけない。疲労と倦怠感がつのってきて、いよいよ本格的に中年になったなあ、いや、中年も終わりに近づいてその先へ進みつつあるのかなあ、この間テレビのCMにあった「疲労と倦怠感に何とかをどうぞ」という、あれを帰りに買っていこうか、なんていうことばかりが、次々と頭の中に渦まいてくる。

これが日本の伝統音楽などになったら、もっと悪い。ぼくはたいていは熱を出して、一日ぐらい寝こんでしまう。

ところがジャズとなると、じつに快適なのだ。ドラムのひびきが肝臓をビーンとふるわせ、二日酔いで残っていたアルコールがこの振動で立ちどころに分解してゆく。もちろんこれはうそであるが、どうしてもそんな感じがする。頭もすっきりして、それまで何となく存在していたような発想が、あるとき突如として明確なイメージになる。もちろんかなり疲れるがそれは快い疲れであって、倦怠などはさらさらないから、テレビのCMのことなど、ひとかけらも頭にうかんではこない。

だから、ぼくがジャズを好きなのは、まず何よりも生理学的な理由によるのである。そんなことをいうと、ほら、だから生物学者とか科学者ってのはヤボだ、われわれジャズ愛好家はまったく無心にジャズが好きなのだ、なぜならそれは美しいから、などといわれそうでもある。ジャズ愛好家の中には、本質的にはクラシック愛好家とかわりない人々もいるらしいからである。まあ、そういう教養高い芸術家のおっしゃることは、だまってきいておこうと思う。べつにそれによって、ぼくにとってジャズが生理的に不快なものに変わることはないであろうから。

とはいえぼくは、ジャズならなんでもいいのではない。スイングなどはただねむくなるだけだし、昔、ぼくが子どものころ、叔父、叔母が政府のお達しにそむいてこっそり家に残しておいたレコードを、近所の隣組に聞かれて密告などされないよう、うんとボリュームを下げた「蓄音器」で聞いていたようなジャズには、今聞いたらもうだめなものが多い。

現在のジャズでも、なんとなく統制のとれた、きちんとした演奏は、やっぱりだめである。だから、そういっては申訳ないが、ナベサダがステージの上で指揮をとるがごときそぶりをみせたりすると、ぼくはもう立ち上ってでていってしまいたくなるのだ。でも、たいていはあとにべつのバンドがひかえているから、地べたにじっとうずくまるか、頭をかかえるかして、耐えるのである。

どうやらジャズにかぎらず、一般的にいってぼくはでたらめさが好きであるらしい。おそらくそんなことのためであろう。ぼくには山下洋輔トリオがいちばんぴったりくる。(ほんとは他のものをあまり知らないのである。)

山下洋輔の曲は、名前からしてむちゃくちゃだ。「ミトコンドリア」というのがある。洋輔氏に聞いたところでは、広島大のどこか生物系の学部を通ってきたサックスの坂田氏が作った曲に、なんか名前つけろよといったら、坂田氏がしばしうーんと考えて、「ミトコンドリア」と名づけたという。

ミトコンドリアというのは、われわれ人間からバクテリアに至る、あらゆる生物の細胞の中にある微小な微小な粒子で、細胞の中でエネルギーを作りだす重要な装置である。われわれが呼吸してとりこんだ酸素は、肺から血液、血液から細胞と、えんえんと旅したのち、最後は細胞の中のこのミトコンドリアに入ってゆき、そこで生物学的な燃焼のプロセスにたずさわって、エネルギーを発生させる。このエネルギーがわれわれの存在のすべてに使われる。「死ぬまで吹けえ!」なんて野次られて足をバタバタしながら吹いている坂田のあのエネルギーも、もとはといえば、すべてこのミトコンドリアの働きに由来している。

けれど、こういういきさつによって坂田氏が自分の曲に「ミトコンドリア」と名づけたとは、もちろんぼくは思わない。それは「ジャスト・ネーム」なのである。

ミトコンドリアは今日の生物学、とくに生化学の研究者にとっては、おなじみのものだ。彼らの会話や講義に、ミトコンドリアの名がでてこないときはない。ぼくは「ミトコンドリア」の入ったディスクを買って、何人かの研究者にあげた。おもしろい曲がありますよ、といって。あとで、感想をきいてみた。『ミトコンドリア』はどうでした?」ある人々の答えはこうだった。「やっぱり力強い曲ですねえ。」

一度、山下洋輔とでたらめを作ることについて対談したことがある。結論は、でたらめを作るのはたいへんにむずかしいことで、よほどしっかり意識していないとだめだ、ということであった。でたらめを作ることをどう教えるか、ということも話したが、これは何ら方法なしという結論になった。

動物の世界では、でたらめなものによくでくわす。たとえば、食物を探して歩きまわっているアリなどは、ほんとうにむちゃくちゃに歩いている。あっちへいったかと思うと、きゅうに方向をかえて、まるで逆のほうへ歩きだす。そのときどきにはむちゃくちゃだが、全体としては東のほうへむかっている、という程度の方向性すらないものが多い。

ところがじつにふしぎなのは、そうやってむちゃくちゃに歩きまわっていたアリが、何か食物をみつけてそれを口にくわえると、今度はほとんど一直線に巣へ向かって歩いてゆくことである。アリはあんなにでたらめに動きまわっていたにもかかわらず、いつも自分が今、どこにいるかをちゃんと知っているらしいのである。どう考えても、われわれにはできそうもない芸当である。目的というものは考えられず、記憶をたどったら、おそらくはますます混乱するだけであろう。どうしてそんなことができるのか。今、世界で何人かの研究者が、一生けんめいしらべている。

人間の体だって、どうもそもそものできはじめを見ると、でたらめから出発するようである。人間そのものについてはじつは知らないが、ニワトリの卵の中でひながてきあがってゆく様子を、こくめいにとったフィルムを見た。何日目かに心臓ができるのだが、そのプロセスをみていると、

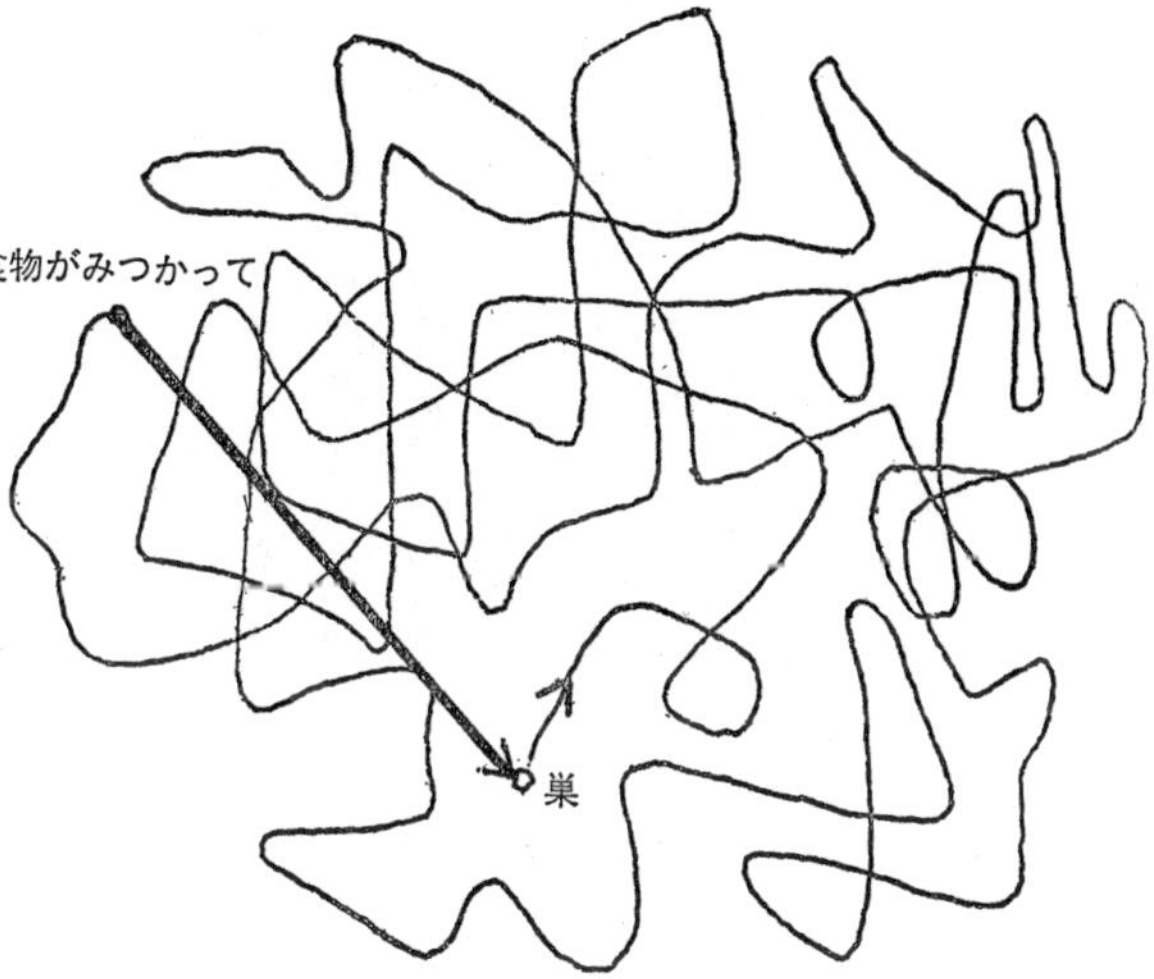

何とも心もとないことおびただしいのである。たくさんの細胞が集まって、ワイワイワイワイうごめいている。もちろん、まだ心臓らしいかっこうなどまるきりない。何となく集まった細胞の大集団にすぎない。新宿の歩行者天国などで見る人間の群衆と同じことだ。ただ、さすがは心臓のはしりだけあって、よく見ていると、その細胞の一個一個が、どれもピクピクと拍動、いや伸縮しているのだ。映画はどんどん進んでゆくが、一向に心臓にはなってゆかない。細胞はただウョウョ集まって、一つ一つがピクピクしているだけなのだ。だが、心臓よ、大丈夫か？　と叫びたくなるころ、何かわけのわからぬままに、すうっと形がととのってくる。そうなると、みるみるうちにれっきとした心臓ができあがって、まわりから、すでにできている血

液を吸いこみ、送りだし、色もたちまち赤みをおびてくる。個々の細胞のピクピクはもはや消えて、われわれの眼にみえるのは、心臓全体としての力強い、統制のとれた拍動にすぎない。

ここで観衆から拍手がおこるはずなのだが、もともとシャイをもって美徳とする日本人の観衆は、そんなはしたないことはしない。一人一人、心の中で、じっと感動をかみしめ、恥じらう女のように声をおさえて息をはくだけである。けれど、みんなが感激しているのはたしかである。

人々は何に感激しているのであろうか？　それは、でたらめの克服、でたらめから統制へ、でたらめから秩序への、このみごとな転換への感動にちがいない。

だが、そこでぼくはふと思う。たしかに、自然はでたらめの上にのった秩序から成っている。最後まででたらめなものは、どうも存在しないらしい。そうすると、人間だけが徹底してでたらめなことができるのではないか。秩序の美にまどわされて、この楽しさを捨ててしまっていいのかなと。

ロマンの氾濫

今年はどうなるかわからないけれども、このところとにかくロマンへの傾斜が目立っている。海のロマン、夏のロマン、人生のロマン、そしてまたひそやかなロマン、などと並べられると、いったいロマンとは何なのか、だんだんわからなくなってくる。ポルノにロマン・ポルノがあらわれてからも、もうだいぶ久しい。

こういう「ロマン」が正統的なロマンチシズムとどういう関係にあるのか、ぼくにはよくわからない。日本浪漫派との関係も、ぼくがこのもの自体をきちんと勉強していないので、あまり明確ではない。しかし、このごろのロマン傾斜がいわゆるロマンチストと深いつながりにあることは、たしかであるように思われる。いずれにせよ、ここでいうロマンなるものが、現実の相対化された世界から脱却して、もっと純粋なものを求めようとするあこがれの表れであることはまちがいない。

ロマンのこの氾濫を見ていると、そういえばかつてやたらに「文化」がはやったことがあるのを思いだす。文化生活、文化センターにはじまって、蒸したカレイをプラスチックに包んだ文化鰈などというのまであった。こういうニュアンスの文化ということばは、今ではほとんどすたれてしまったようにみえるが、当時の流行にはそれなりに興味ぶかい意味はあった。

つまり、あのころのわれわれは、たとえば不潔な便所のもたらす不衛生さを毎日毎日教えこまれ、「文化」的な水洗便所をあこがれたのであった。そうして水洗便所がかなり一般的になったころ、例のトイレットペーパー事件や水不足によって、水洗便所ははたしてそれほどに不可欠なものであったのかと、あらためて疑うことになったのである。

文化なる語の氾濫が「文化」へのあこがれに根ざすものであったとすれば、「ロマン」の流行はおそらくは「生き甲斐」への願望に発しているにちがいない。ロマンより前によく見られたことばは「生き甲斐」であった。そのへんでぼくは、最近のロマン待望に、すくなからぬ疑問を感じるのである。

いつもいわれるとおり、人間はたえず不安を抱いて生きている。だから人間は他の動物とちがって、自分はなぜ生きているのか、何のために生きているのか、と問いつづけなければならない。問いは答えを必要とする。したがって、このような問いをまじめに発する人ほど、確固とした答えを必要とするわけである。

ぼくはそういう問いかけはごく当然なものだと思う。いうまでもなく、人間は結局はそれを問

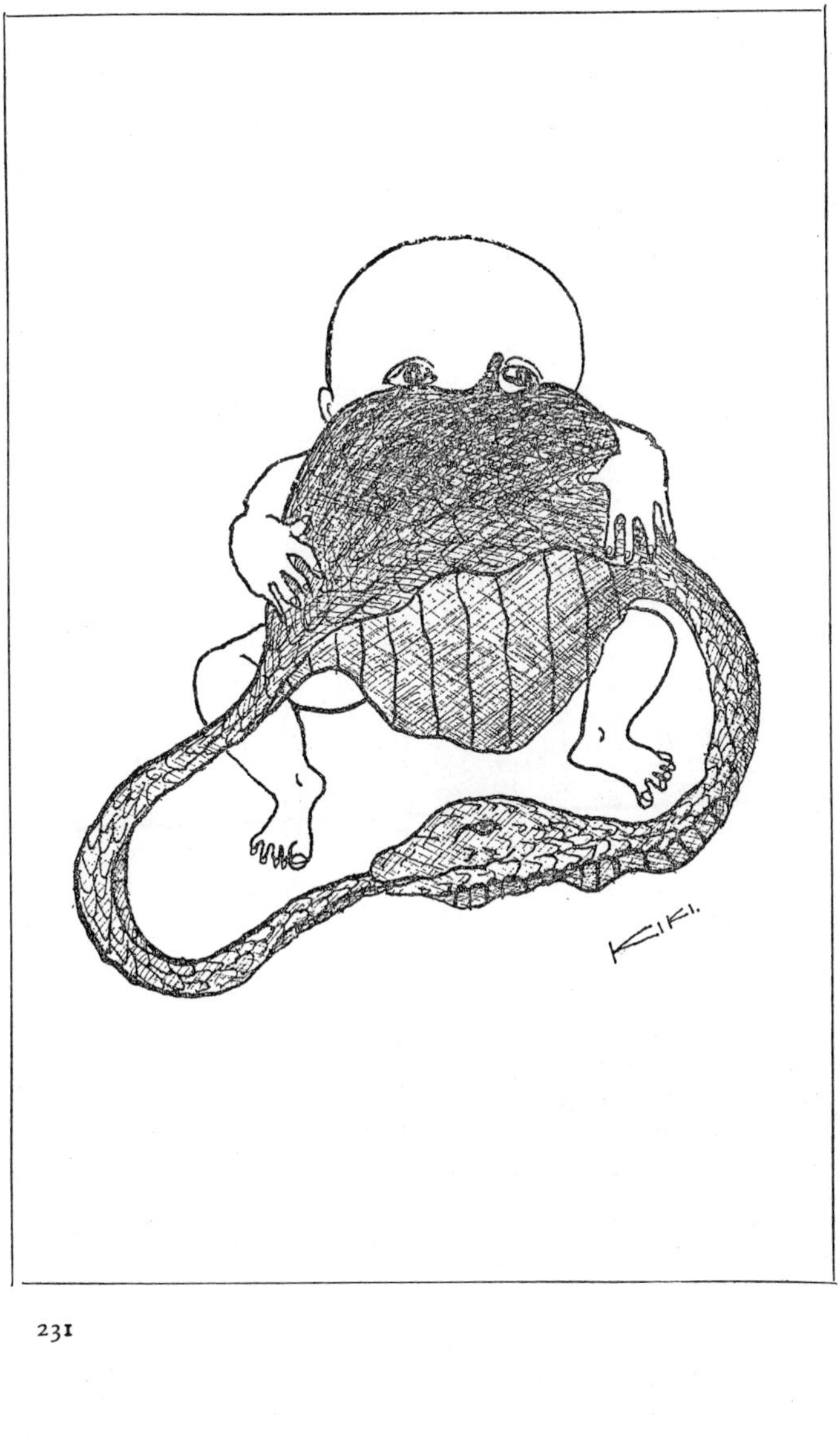
KEIKI.

題にせざるをえない存在だからである。けれど、それに対して設定される答えが生き甲斐とかロマンとかいうことになると問題なのである。これまで生きてきた多くの人間は、はたしてそういう形で答えを得ていたのであろうか？　とくに女たちは？

たしかに、その時代、時代において、少数の人々はロマンを抱いていた。彼らが抱いたロマンは、大陸の征服から宇宙原理の発見まで、さまざまなものであるが、いずれにせよそれが絶対的な目標であり、かつ主観的には永遠性と連なっていた点は同じである。そしてこのことは、ずっと矮小な規模ながら、今日いわれるロマンにも共通しているように思われる。

ただちがうのは、今日ではそれが流行になって、だれもがロマンをもたねばならず、またロマンにあこがれようとすることである。その結果、ロマンは商品化され、手づくりの味などとともに大々的に売り出されることになった。「太平洋ロマンの旅」などというパック旅行を買って、ロマンを抱いた、味わったというようになったら、それこそロマンも何もないであろう。

けれどぼくは、安物でない、ほんもののロマンを抱けというつもりではない。ぼくの感じるロマンの恐ろしさは、それがある絶対的な価値へのあくなきあこがれ、そしてその価値に対して自己をささげることとむすびついている点にある。そして、ロマンを抱くことの流行は、そのような絶対信仰が唯一の公認された価値基準として定着してゆく危険をはらんでいる。

ある意味でいったら、ヒトラーもロマンをもっていた。彼は自分の抱くロマンを徹底的に追求した。だから彼はそれでよかったかもしれないが、それはまったくはた迷惑なことであった。

ロマンを追い求めることのできるのは、人間だけである。そこで奇妙な逆説が生じる。ロマンこそ人間的と信じてそれにあこがれる人々は、えてして人間の優越性を誇示することになる。すべてに冠たるドイツと叫ぶことと、すべてに冠たる人間と説くことは、いわれている主体のちがいこそあれ、絶対論的であるという意味では同じである。

しかし、人間は何か心の支えがなければ生きられない。それをもつことは不可欠である。けれど、どうもそれは、ふつう人が思っているほどたいしたものでなくてもよさそうにみえる。大げさにロマンなどといわないで、何とかの追求だなどといわないで、すなおに「おもしろいですよ」といっていればいいのではなかろうか?

5　その後のノートから

高層ビルの林にすみつくチョウ

先日、ぼくは東京・渋谷のマレーシア大使館を訪れた。文部省科学研究費で出かける東マレーシアへの研究ビザについて打ち合わせるためであった。あいにくその日は、マレーシア国王の誕生日とかで、大使館は休みだった。ぼくは出直さねばならなかったのだが、渋谷駅から大使館へむかう裏道には、静かな住宅地の植え込みに沿って、白いチョウがたくさん飛んでいた。

大使館から渋谷駅へ戻る途中にも、白いチョウはたくさん飛んでいた。駅の近くで、ぼくはやっと彼らの正体をつかんだ。道ばたの駐車場の隅の地上にメスがとまっていて、それに二匹のオスがしつこくホバーしていたのである。それはまごうかたなきスジグロシロチョウであった。やはりそうだったのか、とぼくは思った。というのは、もう一五年以上前から東京ではスジグロシロチョウが殖えはじめ、かわりにモンシロチョウはどんどん減って、今ではほとんど見られなくなってしまっていたからである。

理由はいろいろあると考えられた。ある年の冬が非常に寒かったからだという人もいた。けれど、ぼくが知っている昭和一〇年代からこのかた、ずいぶん寒い冬もあった。しかしモンシロチョウがスジグロシロチョウと入れかわったということは、一度もなかった。

ムラサキハナナ、別名ムラサキハナダイコンともいう観賞植物が、東京オリンピックのころからはやりだした。丈夫な植物なのでどんどん野生化して、あちこちの線路際やちょっとした空き地に、美しい紫色の花を咲かせている。スジグロシロチョウはこの草が好きで、すぐ卵を産み、幼虫はこの草の葉を食べて育つ。だからムラサキハナナの殖えたことが、スジグロシロチョウの殖えた原因だ、という人もいた。

たしかに、モンシロチョウの幼虫が食べるキャベツの畑など、東京の町の中にはもはやない。したがって、モンシロチョウが減ったのも当然だと考えることもできた。

けれど、モンシロチョウだってムラサキハナナで育つはずである。ムラサキハナナはキャベツと同じアブラナ科の植物だからである。昔は夏になってキャベツがなくなると、モンシロチョウは、野生のアブラナ科植物に産卵し、幼虫はその葉を食べて育っていた。

だから、東京でモンシロチョウが減ったのは、キャベツがなくなったためばかりとはいえない。そして、ムラサキハナナにしても、東京中にくまなく分布を広げたというわけでもないのである。

東京でスジグロシロチョウが殖え、「チョウチョ、チョウチョ、菜の葉にとまれ……」という唱歌以来、人々に親しい存在であったモンシロチョウが減ってしまった原因は、どうやらもっと別のところにありそうである。

そもそものはじめは日浦勇氏のいうように大陸から海をこえて渡ってきたのかもしれないが、とにかくモンシロチョウとスジグロシロチョウは、ずっと古くから日本に住んでいた。そして、どの地方にも、この二種のチョウは存在していたのである。ただ、モンシロチョウとスジグロシロチョウの生きかたの戦略は、かなり決定的にちがっていた。

モンシロチョウは、開けた、陽の当たる場所を好み、そういうところに生えるアブラナ科植物に産卵する。孵った幼虫は、十分に陽を受けながら成長し、まもなく親のチョウになる。こうしてモンシロチョウは、一年に六世代もくりかえす。

一方、スジグロシロチョウは、林の中のようなあまり陽の当たらない、涼しい場所を好む。彼らは直射日光に長くさらされると、熱麻痺に陥って飛べなくなってしまう。そこでスジグロシロチョウは、木かげの多い林の中を飛び、卵もそのような場所に生えるイヌガラシなどに産む。

陽があまりささないことは、彼らにとってはむしろ好ましいことである。モンシロチョウが日光を必要とし、陽がかげるとすぐ活動をやめてしまうのに対して、スジグロシロチョウは陽がかげっても平気である。夕暮れも迫った林の中で、木もれ日の中をスジグロシロチョウが飛んでいるのをよく見かける。そして彼らの幼虫は、木かげでゆっくり成長し、一年に三世代しかくりかえさない。

モンシロチョウとスジグロシロチョウのこの戦略のちがいは、最近、大崎直太氏によって克明に研究されているが、とにかくこのちがいこそ、東京における両種の勢力逆転の原因であったと考えられるのだ。

つまり、東京オリンピックごろからの日本経済の高度成長によって、東京には高層建築が急激に増えた。新宿副都心の数十階建てといわずとも、四階、五階のビルはざらになった。必然的に、ビルの谷間の、陽のあまりささない場所も増えた。陽が当たっていなければ満足な活動ができないモンシロチョウにとって、これはかなり重大な状況であったにちがいない。彼らはそのような場所から立ち去るほかはなかった。

スジグロシロチョウにとっては、事態はまったく逆だったろう。農耕が進んで林が切り開かれ、畑と化してゆくにつれて、残された林の中へ後退することをつづけ、集落の周辺には細々としか生きてこられなかったスジグロシロチョウは、今や新しく出現した高層ビルの林の中に、新たな棲み場を見いだしたのである。ムラサキハナナもイヌガラシも、どちらかといえば、日かげが好きである。スジグロシロチョウにとってはうってつけの条件に近かったろう。

キャベツの栽培と町の広域化による開けた地域の増加で急速に勢力を拡大してきたモンシロチョウが、都市化の進行に伴う高層ビルの林立によって、林の住人であるスジグロシロチョウにその地歩を奪われるに至ったのは、じつに皮肉なことである。

自然のバランスを教えるアメリカシロヒトリ

戦後まもない一九四七年、東京の上野公園で奇妙な毛虫が見つかった。それが親のガになったのを調べてみると、日本では未知の種であることがわかった。まもなく専門家の手によって、アメリカにいる *Hyphantria cunea* という種であることが判明したので、アメリカから入った白いヒトリガ（灯取り蛾）という意味で、アメリカシロヒトリと和名もつけられた。

じつはアメリカシロヒトリは、戦後直後の一九四五年、大森で採集されていた。ポプラに巣網をはっていた毛虫の集団を見つけたアマチュア昆虫研究家の山本正男さんは、これを飼育し、翌年四匹の成虫（ガ）を得たが、種名不詳のままであった。その後、これがアメリカシロヒトリであることがわかったのである。

アメリカシロヒトリは年を追って日本中に広がっていった。一九四八年にはすでに東京の国電環状線内の全域から見つかり、翌一九四九年には千葉県、埼玉県に広がっている。五〇年には茨城、山梨、五一年には群馬、愛知へ進出、五二年には途中をとばして大阪で発見された。その後さらに、新潟、富山、石川、兵庫、岡山、福島、栃木の各県へと広がってゆく。けれど、東北、四国（愛媛）、九州（福岡）への侵入はずっと遅れ、六〇年代も後半になってからであった。

東京では一九五〇年代には猛烈に殖え、いたるところの街路樹（プラタナス）やサクラがほとんど丸坊主にされた。DDTの大規模な散布がおこなわれたが、大発生はおさまらず、五〜六年間はつづいた。東京ばかりではない。アメリカシロヒトリは侵入した各地で猛威をふるい、それとともに分布を拡大していった。

その後、大発生はひとりでに止まった。撲滅運動も打ち切られたが、約十年間はこれといって殖えもせず、人々はアメリカシロヒトリのことを忘れていた。

ところが一九六三年ごろ、再び大発生が始まって、七〇年代に入るころまでつづいた。街角には「緑の大敵アメリカシロヒトリを追い出せ」というポスターが貼られ、各地の大学へアメリカシロヒトリ専用の殺虫剤と散布車が、文部省から配布される始末であった。

この大発生のとき、われわれのアメリカシロヒトリ研究会が発足した。「緑の大敵」と悪の権化のようにいわれるが、夏から秋にかけての発生のときに木を坊主にするだけで、春の発生のときはそれほどでもないし、そもそも木を枯らすことはない。少なくとも、車の排気ガスほどの害はない。それよりも、アメリカから日本に入ってきて立派に定着し、各地へ広がっていけた生物学的理由は何か、アメリカ原産地とは相当にちがう日本では新しい種への進化が起こるかもしれない、等々といったことを集中的に研究してみようではないか。これがアメリカシロヒトリ研究会を発足させた動機だった。資金はすべて自弁であった。「アメリカシロヒトリの生物学的研究」と題して、日本応用動物昆虫学会に続々と発表された成果は、その後『アメリカシロヒトリ——種の歴史の断面』（伊藤嘉昭編）として中公新書の一冊にもなった。

アメリカシロヒトリは、少なくとも日本では完全に都市の昆虫である。大発生が起こったのもすべて都市のそれも市街部であり、分布拡大の途上でも、都市から都市へと広がっていっている。一九六六年の八月中旬、ぼくは長野県追分の油屋という旅館にこもり、『動物にとって社会とはなにか』（現、講談社学術文庫）という本を書いていた。ふと新聞をみると、「佐久市にアメリカシロヒトリ発生」という記事が目についた。研究会のメンバーとしてこれは放っておけない。早速ぼくは原稿書きを中断して、バスで佐久市の中心、岩村田へでかけた。

市役所を訪れて目的を告げると、これから退治にいくから一緒に来いという。ぼくは市の防疫課の人々と半日歩きまわった。そういっては失礼だが、岩村田はけっして大都市ではない。しかし、中心部はかなり家が立て込んでいる。小さな庭先や玄関わきには、この地方らしく、クルミ（カシグルミ）の木が植わっている。アメリカシロヒトリはこのクルミの木の枝先に網をはっていた。東京では、アメリカシロヒトリの巣窟になっているサクラには、まったく見られなかった。「やっぱりうまいものにばかりつくんだなあ」と市役所の人が感心する。

こうして次々と網ごととって始末してゆくうちに、ほどなく町の中心部をはずれてしまった。とたんにアメリカシロヒトリの巣網はまばらになり、畑や林が多くなると、まったく目につかなくなった。アメリカシロヒトリは森林には入れない、ということがよくわかった。

そのころぼくは東京の小金井に住んでいた。あたりはまだ林も残っていたが、家の混んだところや都市化の進んでいる隣の府中市には、アメリカシロヒトリが大発生を続けていた。

ぼくの家の小さな庭に、高さ三メートルほどのシラカバが一本植えてあった。夏の産卵期になると、アメリカシロヒトリがやってきて卵を産む。初期の小さな巣網が、毎年五つか六つ見つかった。一つの巣網には少なくとも五〇〇匹ほどの毛虫がいる。これではシラカバはあっという間に坊主になるだろうとぼくは思っていた。

ところがそうではなかった。毛虫が大きくなってくると、スズメその他の小鳥がやってきて、一日中毛虫を探している。さらに、どこからともなく何十四かのアシナガバチが入れかわり立ちかわり飛んできて、勇猛果敢に毛虫と取っ組みあい、皮を剝いで肉ダンゴにして持ち去る。結局、シラカバは坊主になどならなかった。

都市化すると、小鳥も減るし、アシナガバチもほとんどいなくなる。巣網の中に入っていってアメリカシロヒトリの小さな幼虫を食べる虫も、姿を消す。そうなると、アメリカシロヒトリが都市づたいに分天下である。都市化が進むほど、大発生は容易になろう。アメリカシロヒトリが都市づたいに分布を広げていったのも、同じ理由によると思われる。

アメリカシロヒトリの成虫には口がなく、ガになったらすぐその晩、または翌日早朝に交尾して、まもなく卵を産み始める。親の食物としての花などはいらないのだ。幼虫が食べる植物さえあればよい。サクラやプラタナスのような木は、街路樹としても公園の木としても、都市からなくなることはない。アメリカシロヒトリは、今後も大都市に住みついて何年かごとに大発生を起こし、人々に自然のバランスの大切さを教えつづけてゆくであろう。

バーのショウジョウバエ

何かパーティーのようなものがお開きになると、まずたいていは誰いうともなく、もう少し飲みましょ、という気分だ。そこでいくつかのグループができ、それぞれ誰かの先導で、しかるべきバーのドアをたたくことになる。

われわれが行くところは、たいていはよくまあこんな狭いところにと思うビルの何階かだ。何度いってもビルをまちがえたり、階がわからなくなったりする。先導してくれる常連に連れられて、まずはドアを入る。

「あらセンセ、ずいぶんしばらくね」とかなんとかいわれながら、カウンターに座る。

「皆さん、お水割りでよろし？」

ウィスキーのグラスを手にとって、一口飲むと、さっきまでのビール、日本酒とはうってかわって、なんとなく落ち着いた気分になるから不思議である。

二口目、三口目を飲むころに、ふと気がつく。どこからともなく小さなハエがやってきて、ぼくのグラスのまわりを飛びまわっているのだ。

ハエはやがてグラスの縁にとまる。ショウジョウバエだ。ぼくはなんとなく嬉しくなって、そのハエをじっと見つめる。

ほんとに嬉しいことではないか。祇園でも銀座でも新宿でもいい、とにかくビルディングばかりの都会の中の、そのまたコンクリートの壁に囲まれた密室のようなこのバーの中で、小さな生きものに出会えるとは。そしてその生きものも、ぼくと同じく酒が好きで、同じグラスからこうして一緒に飲んでいるなんて。

グラスの縁にとまって一心にウィスキーをなめているショウジョウバエを、ぼくは飽くこともなく眺めている。ぼく自身が飲むのは、しばしばお預けだ。ぼくがグラスを持ち上げて傾けたら、ハエは驚いて飛び立ってしまうだろう。もうしばらく飲ませてやろう。

そのうちにママさんが気づく。「センセ、さっきからじーっと、一体何を見てはるね?」「いや。ほらここに小さなハエがおるやろ。見える? ショウジョウバエいうて、ごっつい酒の好きなハエなんやわ」

ママさんの反応は二つに分かれる。一つはおそらく綺麗好きなママさん。「ハエですって? まあ失礼しました。グラス替えましょ」こういうママさんに、このハエとの出会いがいかに嬉しいものかを説明するのは容易でない。

もう一つは、じつに素直というか、客の気持ちを読むのが上手というか、「あらほんと、こんなとこにもちゃんと生きものがいるのね。もちろんこのハエ、きたないハエじゃないんでしょ?」というように反応である。祇園には比較的このタイプが多いようである。こういう反応をされるとますます楽しくて、ショウジョウバエにたっぷりおごってやることになる。つまりぼく自身もたくさん飲むということだ。

ショウジョウバエとは、猩猩蠅と書く。昔から、酒樽のまわりなど、酒の匂いのするあたりに集まり、酒席で徳利や猪口にやってきて、飛んだりとまったりするので、こいつは酒好きだと思われ、大酒飲みとされる猩猩に因んでこの名がつけられたという。

ショウジョウバエは、いわれもなしに酒好きだと思われたのではない。彼らはほんとに酒、正しくはアルコールが好きなのである。

彼らはたいてい、よく熟れた果実にやってきて卵を産む。幼虫はすこしぐじゃぐじゃになった果実を食べて育ち、小さなサナギになる。そして、またハエとなって飛び立つのである。

彼らにとって、熟れた果実は、自分たちの食物であり、またしばしばオスとメスとが出会うための場所でもある。彼らの生存の鍵となるきわめて重要なものなのだ。

広い自然の中で小さなショウジョウバエは、アルコールの匂いを手掛かりにして、熟れた果実を見つけだす。熟れた果実はすこし発酵しはじめ少量ながらアルコールを生じる。そのアルコールの匂いにショウジョウバエは魅かれるのだ。

人間は酒類をはじめ、味噌、醬油、粕漬など、多少ともアルコール発酵を伴う飲食物をたくさんつくりだした。ショウジョウバエにとって、これはもっけの幸いだった。どんな都市の中でも、こういうものはある。ウィスキーなどは匂いだけで幼虫の栄養にはならないけれど、味噌などはじつによい食物だ。

問題はおそらくただ一つだけ。つまり温度である。

都市の中でわれわれと一緒に生きているキイロショウジョウバエは、暑すぎても寒すぎても発育できない。摂氏二〇度から二五度というあたりの平均温度が、発育に適した範囲である。終日エアコンで一定温度を保つ場所はともかくとして、夜になったら暖・冷房を切るような場所では、夜の温度がもろに効いてくる。だから真夏にも真冬にもショウジョウバエは姿を見せない。けれど、春は四月から五月、秋は九月末から十月と、われわれ人間にとってもしのぎやすい気候のころになると、台所をフーイフーイと飛ぶ彼らの姿が増えてくる。バーや飲み屋やビアホールで、彼らと一緒に飲めるのも、たいていはこの季節である。

赤い大きな目をしたキイロショウジョウバエは、ほの暗い電灯のもとでも、なかなか可愛らしい存在である。せめてこのハエをグラスから追うのはやめよう。

アオスジアゲハと軍拡競争

都市からチョウの姿が次々と消えてゆく中で、かなりたくましく健在を誇っているようにみえるのは、アオスジアゲハである。

まっ黒い翅にまっ青な青い帯の入った、中型のきびきびしたこのチョウは、高い梢の上を飛ぶのが好きだ。小学生のころ、アオスジアゲハがその青い帯を真夏の青空にくっきりと透かしながら、活発に梢から梢へ渡ってゆくのを仰いでは、まだ見ぬ熱帯の景観を想像して、胸をおどらせたものだった。

それからじつに何十年もたったのち、夢かなって熱帯を訪れてみて、まさにぼくの想像どおりであったことがわかった。

それというのも、東京や京都にいるアオスジアゲハとまったく同じ種のアオスジアゲハがサバ(マレーシアの北ボルネオ)にもいて、日本のアオスジアゲハと同じようにジャングルの梢から梢へと飛びまわっているのである。熱帯の強い日射しの中で、青い帯はますます青く見えた。

つまり、アオスジアゲハはもともと熱帯のチョウなのである。だから日本ではやはり南のほうにたくさんいる。その割には本州のかなり北まで分布しているが、北海道にはいない。

彼らのこの分布のしかたは、直接、気候によるというよりは、その幼虫の食物と関係がありそうだ。冬は寒さに強い休眠サナギになってしまうので、かなりの寒さに耐えられるようである。アオスジアゲハの幼虫の食べものはクスノキの葉だ。クスノキはもともと暖かい地方の植物である。暖かい地方では山にたくさん自生しており、その葉を食べて、たくさんのアオスジアゲハの幼虫が育つ。北へゆくほど自生のクスノキは減り、それとともにアオスジアゲハの数も少なくなってゆくようである。

アオスジアゲハの分布をきめているのがクスノキなら、アオスジアゲハが都市で元気に生きているのもクスノキのおかげである。

他の多くの木とちがって、クスノキは都会の中では、いわば「聖域」めいた場所に植えられている。神社、仏閣、大きな公園、広場などだ。

明治神宮のような大きな神社、京都の御所、上野公園などのような古い公園、本郷の東京大学などかつては古い庭園であった場所などには、クスノキの古木が茂り、新しい木も育っている。

その他多くの都市、とくに名古屋から西の都市になると、新しい公園や広場にも、どんどんクスノキの若木が植えられ、それがみなすくすくと育って大きな木になっている。

このような場所は、あまり簡単に開発されないし、また新しい公園などではクスノキを植えることが開発計画の一部になっている。

そしてまた幸いなことに、クスノキにはそれほどひどい害虫や病気がつかない。もちろんこのことが、公園に新しくクスノキの植えられる理由の一つであろうけれど、とにかく虫がついてクスノキが丸坊主になるというような例は、あまり聞いたことがない。

したがって、殺虫剤散布の好きな地方自治体も、クスノキの多い林や森には散布の必要を認めない。クスノキの梢の先の、新芽に一つずつ産まれたアオスジアゲハの卵や、若い葉にぴったりくっついて休んでいる幼虫は、きわめて安泰なわけである。

サナギになるとかなり小鳥にやられるらしく、まんなかをがばっと食い取られて死んだサナギをよく見かける。鳥の目につきやすいクスノキの葉の上でサナギになるからであろうか？　木の枝でサナギになるナミアゲハやクロアゲハでは、こういう襲われかたをしたサナギはほとんど見たことがない。

周知のとおり、クスノキからは虫除けのための樟脳がとれる。チョッパーで細かくしたクスノキの材を蒸留して、樟脳を集めるのだ。樟脳はもちろん葉や小枝にも含まれている。クスノキの葉を裂いて嗅ぐと、強い樟脳の匂いがする。

もともとクスノキは、余計な害虫がつかないようにするために、樟脳をつくることを始めたのだ。ところが、アオスジアゲハはそんなことにかまわず、というよりむしろ防虫剤樟脳の匂いに魅かれて親はクスノキに卵を産み、幼虫はその葉に咬みつくようになった。

それに対処しようとして、クスノキは樟脳の含有量を増した。だがアオスジアゲハも負けていなかった。樟脳への耐性をますます高めていったのである。

これも、生物界における軍拡競争（アームズ・レイス）の一例である。

人間はなぜ争うのか――「攻撃性」再考

平和でトラブルなしに過ごしたいという願いは、人間だれもが抱いているものであるが、現実はなかなかそうはならない。けれどそれは人間が未熟なためでもなく、人々の修養が足りなくて心が汚れているからでもないらしい。

今からすでに三五年も前、コンラート・ローレンツは『いわゆる悪――攻撃性の自然誌』(邦訳は『攻撃――悪の自然誌』(みすず書房))という本を著して、大きな注目を浴びた。

ローレンツは長年にわたる動物行動学(エソロジー)の研究から、動物たちがもっている攻撃性(aggression)というものについて考察している。ここでいう攻撃性とは肉食獣が獲物を捕らえて食うということではなく、自分と同じ種の、つまり同類の仲間に対して攻撃的にふるまう性質のことである。

ローレンツによれば、すべての動物のすべての個体は攻撃性をもっている。それは遺伝的に備わっているものであって、同種間での争いは、それぞれの個体のもつこの攻撃性によって起こる。

動物のオスたちはなわばりをめぐって、メスをめぐって、また、順位をめぐって、食物をめぐってなど、ことあるごとに他のオスと争っている。一方、メスたちも食物や居場所をめぐって争うことが多く、子どもたちといえども攻撃性を欠いているわけではない。

このような争いのもととなる攻撃性は、キリスト教社会においてはいうまでもなく「悪」である。しかし、個々の個体にとってのこの「悪」は、種（種族）にとっては「善」となる。すなわち、それぞれの個体の攻撃性によって個体が反発しあうために、なわばりを設けて子を安全に育てたり、密集を避けて食物の枯渇や棲み場の汚染、あるいは伝染病の蔓延を防いだりして、結局のところ、種の維持にとって有利となる。ローレンツはまずこのことを指摘した。

続いて彼は、種にとっては善であるこの攻撃性の「悪」の面をなくすために、種がどのような手だてを進化させているかを述べている。例えばオオカミのような猛獣でも、闘争は試合のように一定のルールに従って行われるので、殺し合いに至らない。鳥の場合には派手な色彩の羽の見せ合いという儀式だけで勝敗が決まることもある。群れのなかに順位制を設けることによる不必要な闘争の排除なども、その一つだ。これと似たことは人間の文化にも見られることを強調した。

ローレンツが一貫して主張したのは、攻撃性というものがどの個体にも遺伝的に組み込まれたものであって、学習や教育によって消滅させられるものではない、ということである。それは攻撃性が種を維持するために不可欠なものであるからだ、とローレンツは説いた。

しかし、その後の動物行動学の研究によって、個体の攻撃性が種維持のためのものであるというローレンツの見方は、ほぼ完全に否定されてしまった。個々の個体の攻撃性は、種族の維持にとってではなく、それぞれの個体がその個体自身の遺伝子をできるだけたくさん後代に残していくことにとって、善なのであるという、まったくちがった見方に変わってしまったのである。つまり、それぞれの個体に宿る無数の遺伝子たちは、自分たちだけが生き残って殖えていきたいという、きわめて利己的な「願い」をもっており、自分の宿る個体を操作して、自分たちのこの目標が達成されるようにふるまわせるというのである。

この見方に立つと、われわれ個人は、それぞれに宿っている遺伝子のロボットにすぎないということになる。そしてロボットである以上、他人に対して攻撃的であるのもやむを得ないことになる。

しかし、『利己的な遺伝子』（紀伊國屋書店）の著者であるリチャード・ドーキンスはこういっている――「利己的なのは遺伝子であって個体ではない」。

すなわち、遺伝子たちは自分たちが生き残って殖えていきたいと利己的に「願って」いる。そこで遺伝子は自分たちの宿っている個体を操って、他個体を攻撃的に追い払い、少しでも多く食物を食べて、早く育っていくようにさせる。しかしそれだけでは殖えていくことはできない。そこで同種の異性に対しては攻撃的でなく近寄っていき、何とかして生殖して子孫をつくらせるようにその個体をふるまわせる。つまり、利己的な遺伝子は、個体を攻撃的にふるまわせるだけではないのである。

このようなわけで、動物においても人間においても、他個体との協力関係がしばしば見られる。それは生殖に携わっている異性個体だけでなく、親子の間でも普通に起こっている。

また、動物も人間も群れをつくって助け合うことが多い。群れは個体間の協力関係によって保たれている。群れのなかで個体の攻撃性は少なくともあからさまには現れていない。

しかし、今日の動物行動学の見方はきわめて醒めている。そこにいかに協力関係が見られようと、それは遺伝子たちの利益のためなのである。個々の個体に宿る遺伝子は、その個体が群れの他個体と協力してくれるほうが自分たちにとって得になるからそうさせているだけのことなのだ。もし、協力的でないほうが遺伝子の目的にとって得になるなら、遺伝子はその個体を攻撃的にふるまわせるだろう。大きな群れをなして危険な渡りを終えた小鳥たちは、たちまち攻撃的になって、それぞれがなわばりを構え、そのなかで生殖し、ひなを育て上げる。

このように協力的なもののシンボルとも思える群れのなかでも、遺伝子にとってのこの得失のあつれきは常に存在する。群れていれば安全だが、近くの個体と思わずぶつかり合うこともあり、小競り合いが起こる。群れが大きくなれば、より安全ではあるが、小競り合いの頻度も高くなる。このバランスが群れの大きさを決めているのだ。

オス・メスの協力なしには実りえない生殖や子育てにおいても、オスとメスはそれぞれがきわめて利己的にふるまっている。オスはメスが受精したら、また次のメスを手に入れようとする。一方、メスは、近寄ってくるオスのなかから一番条件のいいオスを選ぼうとする。メスが子を育てるのは、その子が早く孫をつくって自分の遺伝子を殖やしてくれることを願うからであって、決してその子がかわいいからではない。ここには安易な「母性愛」などというものは考えられないのである。

ローレンツの「種にとっての善」という見方は否定されたけれども、攻撃性はそれぞれの個体に遺伝的に組み込まれたもので、学習や教育によって消し去ることのできるものではないという彼の指摘は正しかったのである。われわれは他人から何か言われてムカッとくるのを抑えることはできない。問題はムカッときたそのあとなのだ。

じつは、問題はもう一つある。それは文化摩擦、民族紛争、国家間の争いといった、われわれ人間にしかみられない集団的な攻撃性の問題だ。

このような争いが個人の攻撃性とかかわっているのはもちろんである。それなしに争いは生じるはずはないからである。けれども、集団間の争いを個人の攻撃性だけでは説明できないのも、今や自明のことだ。

人間の集団間の争いはすべて、ある意味での宗教戦争だといわれている。これはかなり当たっていると思う。しばらく前からぼくは、ほとんどこれと同じことを「美学」ということばで説明できないかと考えるようになった。

どの文化にも、どの民族にも、そしてどの国家にも、何かそれぞれの美学ともいうべきものがあるのではないか。そして、何かある一つのことに対して、それぞれの美学からくる感情が対立するのではないか。アメリカにはどうみてもアメリカの美学というものがありそうだし、イスラムの国々にはそれなりの美学がありそうである。かつての湾岸戦争はこの二つの美学の衝突だったのではあるまいか。

美学とはずいぶんあいまいな言い方であるが、かつての「帝国主義的野望」などという空虚な言説よりは妥当かもしれない。なぜなら美学は集団にも存在するし、個人にもあるものだからである。ただし、人間特有のものと思われるこの「美学」が、遺伝子とどういう関係にあるのか、ぼくにはまだよくわからない。

いずれにせよ、遺伝的に個人に組み込まれている攻撃性の問題と、遺伝的組み込みということはありそうにない集団間の争いとの関係を、ここからまとめて考えることができるのではないか、そうぼくは思っている。

遺伝子のなわばり侵犯

リチャード・ドーキンスの「利己的遺伝子」論によれば、要するに、生き残って殖えていこうとしているのは遺伝子であって、個人、個体ではない。個体は遺伝子のヴィークル（乗りもの）であって、遺伝子を生きさせ、殖やしていく、遺伝子のためのサバイバル・マシーン（生存機械）にすぎない。『ザ・セルフィッシュ・ジーン』の邦訳の初期の版が、『生物＝生存機械論』と題されているのもこのためである。のちに、『利己的な遺伝子』と改められた。

われわれは個人として生き、自分の判断にもとづいて身の処しかたをきめていると思っている。年ごろになれば、異性が気になりだし、きみを愛している、あなたが好き、といって結婚する。そしてセックスを楽しみ、子どもができる。そうしたら、何をおいても子どもを育て、学校にやり、苦労に苦労してやっと結婚させる。まもなくできた孫は、目の中に入れても痛くないほどかわいい。そのころはもうかなりの年になり、次第に老けこんでいっていずれ世を去る。

これがわれわれの人生である。われわれは自分の人生を楽しみ、苦しみながら、一人の個人として生きているつもりである。

けれども利己的遺伝子論によればそうではない。われわれは遺伝子たちに操られているだけなのだ。ぼくならぼくの体に宿っている遺伝子たちは、ぼくの体をつくりあげている。指があってちゃんとものをつかめるのも、遺伝子の働きのおかげである。今まで育ってきて大人になったのも、遺伝子のプログラムの働きである。

では遺伝子は何のためにぼくの体をつくり、ぼくを育てあげてくれたのか？　それは遺伝子たちが生き残り、殖えていきたいと「願って」いるからだ。

ぼくが死んだら遺伝子たちも死ぬ。だから遺伝子たちはぼくを生かしているのだ。ぼくが子どもも一人をつくれば、ぼくの遺伝子の新しいセットが一つ殖える。もう一人つくればもうワンセット。だから遺伝子はぼくをセックスに駆りたてるのだ。

こう考えてみると、ぼくはもはやぼくの体に宿っている遺伝子に操られた存在にすぎない。ぼくが死んでも、遺伝子たちはぼくの子どもの中で生きている。ぼくは単に、遺伝子たちをぼくの子どもに送りとどけるヴィークルにすぎない。と、こういうことになる。

ぼくだけでなく、人間だれもみな同じ。動物も植物もみな同じ。個体は遺伝子のヴィークルである。これが利己的遺伝子論である。遺伝子は個体の体をきわめて利己的に操っているのだ。

遺伝子たちのこの「操作」は、彼らが宿る個体のすみずみに及び、そのふるまいのすべてに及ぶ。いいかえれば、個体の体は彼ら遺伝子たちのなわばりである。遺伝子たちはこのなわばりの中で、自由自在にふるまっている。

個人の尊厳とかいうときの「個人」とは、遺伝子たちのこのなわばりにすぎない。「そんなこと個人の自由でしょ」と叫んでも、つまるところ、「遺伝子たちの自由でしょ」といっているに等しい。個性とは、遺伝子たちが個人のふるまいを操る操りかたが少しずつ異なっている結果である。すべて遺伝子たちのなわばりにもとづく現象である。

ところが、遺伝子たちはこのなわばりを侵犯する。リチャード・ドーキンスがその第二作『延長された表現型』(紀伊國屋書店)で論じているのが、このなわばり侵犯である。

有名な例は、ある寄生虫である。ジストマの一種であるこの虫は、まずカタツムリに寄生し、それから小鳥に移って、そこから成熟し、繁殖する。カタツムリに入ったこの寄生虫の子虫は、カタツムリの体内を移動して、カタツムリの目に居を定める。すると、この虫が分泌するある物質の作用によって、カタツムリの目は変形をはじめる。大きくふくれあがって植物の芽のようになるのだ。寄生虫が分泌する物質は、カタツムリの行動も変える。ふだんは草のかげにいるこのカタツムリが、草の葉の上にでてきて、姿をさらして歩きまわるようになるのだ。小鳥はすぐカタツムリを見つけ、ぴくぴく動く大きな目をついばんで食べてしまう。目の中にいる寄生虫は、こうしてまんまと小鳥の中に入り、繁殖にとりかかる。

カタツムリの体内で寄生虫が分泌する物質は、寄生虫の遺伝子の指令によってつくられたものである。その物質は寄生虫自身の体から外に出て、べつの生きものであるカタツムリの目や行動に作用を及ぼす。カタツムリにはカタツムリの遺伝子が宿っていて、そのカタツムリの体をなわばりとしている。このなわばりを寄生虫の遺伝子が侵犯するのである。そしてカタツムリの遺伝子の働きに打ち勝って、カタツムリの姿や行動を変えてしまう。

その結果、だれが得をするのか？　いうまでもなく寄生虫の遺伝子である。遺伝子のなわばり侵犯のおかげで寄生虫の遺伝子は首尾よく小鳥の体内に入り、繁殖をはじめる。すなわち、遺伝子の新しいセットをつくりはじめる。寄生虫の遺伝子たちは、こうして生き残り、殖えた。カタツムリの遺伝子は何一つ得をしていない。遺伝子とはかくも利己的なのである。

こういうことは、生きものの世界のどこにでもみられる。アブラムシやカビが植物の葉につくる虫こぶもそうだ。

もっと極端な例をあげておこう。ビーバーはその遺伝子に操られて木を切り倒し、川にダムを築いて巣をつくり、繁殖する。ビーバーの遺伝子は本来のなわばりであるビーバーの体を越えて、川にまで進出し、急流を池に変えてしまうのである。このなわばり侵犯によって得をするのは、もちろんビーバーの遺伝子である。

女と男

「女と男がなぜいるか？」このごろよく話題にされるテーマである。

昔はこんな問いかけはなかった。人間には女と男があるのであり、赤ん坊が生まれると、とりあげたお産婆さんが「おぼっちゃんです」とか「おじょうさんです」とか宣言したものだった。どうして「おぼっちゃん」か「おじょうさん」かがわかったかというと、それは、きわめて簡単で、男と女は外性器がちがうからである。なぜ外性器がちがうかというと、それは内性器つまり生殖腺がちがい、それらから分泌されるホルモンがちがうからである。生物学はこう説明した。

そこから先は女と男の問題ではなく、「生殖」の問題となって、卵子が……精子が……というふうに説明は進む。そして、卵子も精子も配偶子であり、この二つの異なる配偶子の合体によって受精がおこり、それによって種が存続する、と生物学の説明は展開してゆく。

そして、精子をつくるのがオス、つまり男であり、卵子をつくるのがメス、つまり女である、というところで説明は終わる。その先は、もう生物学ではない。女がどういう人生を送るのか、男がなぜ権力をもつのか、などということは、もう生物学の問題ではない。そんなことは、低次元の学問である生物学ではわかるはずはないからだ——これが今までの流れであった。

ところが、この十年ほどであろうか、生物学は「なぜ女と男がいるのか？」ということを問題にするようになった。

科学は「なぜ？」と問うてはならないというのが、かつては常識であった。宇宙はなぜ存在するのか？　地球にはなぜ海と山があるのか？　と問うてみても答はあり得ない。答えられるとすれば、宇宙はどのようにしてできたか、山はどのようにしてできるか、ということだけである。それをさらにつっこんで「なぜ？」と問えば、神とか自然の摂理とかいうものを持ち出すほかなくなる。科学はそれを避けようとした。

だから、なぜ人間には女と男があるのか？　生きものにはなぜオス・メスという性があるのかという問題も、女と男はどのようにしてできるのか、オス・メスのちがいはどのようにして生じるのかという形で問われ、答えられてきた。

それを今、なぜあるのか？　と問うことになったのである。この変容の意味をよく考えてみる必要があろう。

じつは今でも物理学は、「宇宙はなぜあるのか？」と問うことはない。なぜという問いは生物学独自のものである。それは生きものがその名のとおり「生きている」ものであるからだ。

近ごろは、森は生きているとか、土は生きているなどという表現がさかんに使われる。これは嬉しいことであるが、必ずしも当を得ていない。生きているのは森という全体ではなくて、森なるものを構成している木とか草とか虫とか、そして、さらにはバクテリア（細菌）とかいう個々の生きものである。そして、それら生きものの間の相互関係が、森をあたかも生きているように変えていくのである。

土についても同じことだ。土の粒そのものが生きているのではなく、そこに生きている個々の土壌生物たちが生きて動いているから、土の様相も生きているように動いていくのである。

だれもが昔習ったように、山は生成期、青年期、壮年期を経て、やがて老年期となり、最後には平原となって消えてしまう。その間に山がまた山をつくりだすことはない。もし新しい山ができたとしたら、それはもとの山の子孫ではなく、べつの理由によってつくりだされたものである。そして、もとの山はなくなってしまっても、それは山全体にとって何の得にも損にもならず、山にとっては意味をもたない。しかし生きものはちがう。

だれでも知っているとおり、この「生きもの」とはじつに「よくできた」存在である。それが神の創造によるのでなく偶然の産物であるという現在の認識に立つとしても、とにかくじつによくできた存在である。人間の女と男もそのとおりだ。

こういうものが出現したことも不思議なら、何十万年と存続していること自体が不思議である。

そこには複雑なしくみがあり、そして、「努力」がある。今の生物学はそれを問うているのである。女と男がいなければ、人類は存在し得ないし、今まで存続もしてこなかっただろう。では、なぜ？　なぜ女と男がいなければならなかったのか？

子孫をつくるためだったら、女と男などという「性」を分ける必要はなかった。クローンで殖えていったほうがよっぽど効率がよい。あえてそれを拒否したのはなぜだったのか？　そのために女と男のやっかいな問題が生じることになったにもかかわらずである。

現在の生物学はいわゆる「赤の女王」仮説でこれに答えようとしている。オスとメスが生じたのは、その生物にとりついて病気や死をまねく病原体や寄生生物に対抗するためだったというのである。そういうものにとりつかれないようにするためには、クローンのようにいつも遺伝的に同じ子孫をつくっていくのでなく、親とはちがう遺伝的組成の子孫を次々につくっていかねばならない。さもないと子孫も親と同じ病原体にやられて、全滅しかねないからだ。そのためには、性というものをつくって、たえず遺伝子を混ぜ合わせていかねばならぬ。こうして「性」というものができた。

そうなると、性のない生物より、性のある生物のほうが、生き残りやすかった。それで、現在生き残っている生物には、ほとんどすべてメスとオスがあるのである。人間に女と男があるのもそのためだ。

ある生物にとりつく病原体や寄生生物はたくさんいる。そしてそれらは、とくに細菌などは、急速に変異していく。だから、ある生物がどんどん子孫を殖やして生き残っていくためには、メスとオスが必死になって遺伝子の混ぜ合わせをしていかなければならない。

これが「赤の女王」説である。「赤の女王」ということばは、ルイス・キャロルの『鏡の国のアリス』に登場する赤の女王に因む。鏡の国でアリスは赤の女王からこう教えられる——この国では、もしここにとどまっていたいと思ったら、必死になって走らなければいけないのだよ、と。ここにとどまっているということは、ある生物が地球上に存在しつづけるということだ。そのためには、必死になって遺伝子を混ぜ合わせていかねばならない。手軽にクローンなどをつくっていたらだめなのだ。

女と男はこうしてできた。あらゆる生物のメスとオスがそうであるように、女と男もまったくといってよいほど異なっている。異なっているからこそ、遺伝子の混ぜ合わせも順調におこなわれるのである。

あとがき（増補新版のための）

一九七九年に初版が出たこの本には、どういうわけか「まえがき」も「あとがき」もなかった。一九八四年の新装版にもついていない。おそらくは収録された文章の一つ一つが、ぼくの思いのまえがきでもあり、あとがきでもあるという理解だったのだろうと思う。

その後、この『犬のことば』は、一九八四年に出版された『全集　日本動物誌』（全三〇巻、講談社）の第二七巻に、丸ごと収められている。収録の依頼にあたって、「たいへんおもしろく含蓄のある本なので」といわれたのを、とてもうれしく光栄に思ったのは今も記憶に新しい。

このたびこの本がふたたび出版されることになった。この機会に、その後に記したものから数編をえらんでつけ加えた。最近どんなことが問題にされているかのごく一端を知っていただけたら幸いである。
青土社の西館一郎さんをはじめ、新しい版の発行にあたってお世話になった方々に心からお礼を申し上げる。そして、今さらながらではあるが、それぞれの文章を書く機会を与えてくださり、かつこの本への収録を許してくださった初出誌の関係者みなさまに感謝したい。

一九九九年九月

日高敏隆

初出一覧

（　）内は原題を示す。

動物の自意識（動物もまた考える）「現代思想」1978.1
エコロジーにまつわること「現代思想」1978.3
虹は何色か「現代思想」1978.5
理論と応用（理論の応用?）「現代思想」1978.7
エポフィルス「現代思想」1978.9
推論の体系（発行魚と推論の体系）「現代思想」1978.11
選択と適応「現代思想」1979.1
イチジクとイチジクコバチ「現代思想」1979.3
死の発見「現代思想」1976.12
光の動物学「エピステーメー」1977.3—4
生物の性は何のためのものか「言語」1978.6

昼の蝶の存在について「ダイエー白書」1978.1
ネコの時間（ネコの人世・ネコの時間）「ダイエー白書」1978.2
ハリネズミ（ぼくのハリネズミ）「ダイエー白書」1978.3
水槽のなかの子ネコ?「ダイエー白書」1978.4
「賢いフクロウ」（「賢いフクロウ」の研究）「ダイエー白書」1978.5
ガガンボ（ガガンボの生態）「ダイエー白書」1978.6
オタマジャクシはカエルの子「ダイエー白書」1978.8
ウラギンシジミ・銀色の翅「ダイエー白書」1978.10
ネコの家族関係「ダイエー白書」1978.11

アメンボの物理学　「ダイエー白書」1978.12
雪虫（雪虫にとっての花園）「ダイエー白書」1979.1
チンパンジーの認識力　「ダイエー白書」1979.2
蝶の論理（蝶　この美しさのすべて）「月刊自動車労連」1976.5
ホタルの光（ホタル　光の神秘をさぐる）「月刊自動車労連」1976.7
コオロギの歌（コオロギの生活と生理）「月刊自動車労連」1976.9
ゴキブリはなぜ嫌われるのか（ゴキブリなぜ嫌われるのか）「月刊自動車労連」1976.11
ミツバチと色（素晴らしきかな蜂の生態）「月刊自動車労連」1977.1
アリたち（小さなアリたちのデリケートな生態）「月刊自動車労連」1977.3
鰻屋の娘とその子たち　「文芸春秋」1978.6
なぜ幻の動物か　「文部時報」一二一一号　1978

……にとって　「言語」1976.1
ライフか生命か（ライフ）「言語」1976.2
発展と展開の間（Development?）「言語」1976.3
環境「言語」1976.4
人と「動物」（人間と動物）「言語」1976.5
蝶はひらひら飛ぶ　「言語」1976.6
"franglais"「言語」1976.7
語学の才能　「言語」1976.8
犬のことば　「言語」1976.9
あいさつ　「言語」1976.10
キチョウの季節　「言語」1976.11
前島先生の授業（How to master English?）「言語」1976.12

ジャック・モノーの死「現代思想」1976.7
人間は動物プラス……（視角・人間の知への科学者の過信）「読売新聞」1977.4.25
本能代理としての文化（視角・本能代理としての人類文化）「読売新聞」1977.5.30
科学という共同幻想（視角・科学そのものへの認識と不信感）「読売新聞」1977.6.27
ファーブル随想「文学界」1978.7
『ソロモンの指環』に寄せて（忘れられない本・動物の行動に鋭い洞察　K・ローレンツ著『ソロモンの指環』）「朝日新聞」1978.9.17
創造の源泉としてのデタラメ　清水俊彦編『ジャズ─感性と肉体の祝祭』青土社　1978
ロマンの氾濫「読売新聞」1979.1.11
高層ビルの林にすみつくチョウ「ペンギン・クエスチョン」1983.10
自然のバランスを教えるアメリカシロヒトリ「ペンギン・クエスチョン」1984.2
バーのショウジョウバエ「ペンギン・クエスチョン」1984.5
アオスジアゲハと軍拡競争「ペンギン・クエスチョン」1984.8
人間はなぜ争うのか──「攻撃性」再考（人間はなぜ争うのか）「アルク」1998.3
遺伝子のなわばり侵犯「馬銜」1995.12
女と男（女と男、ヒトと人間）「あうろーら」一一号　1998.4

解説

竹内久美子（動物行動学エッセイスト）

日高敏隆先生は二〇〇九年一一月、肺ガンのため七九年の濃密な人生に幕を閉じられた。葬儀は親族だけで東京で行なわれ、翌年の二月に京都でお別れ会が開かれた。

会場は先生を慕う人々であふれ、まさに立錐の余地もないとはこのこと。そして、もしその場に先生がおられたなら、あのちょっと恥ずかしげな笑顔で大喜びしてくださるような、実に趣向を凝らした会だった。

スピーチをされた方は皆それぞれに先生の魅力について語られたのだが、特に先生の本質に迫る発言をされたのはこのお二人だった。

まず、ジャズピアニストの山下洋輔さんである。

そもそも山下さんの奥様と日高先生の奥様（この本の挿画を担当されている喜久子さん。通称、キキさん）が元々親友で、キキさんと山下さんも親しかった。

あるとき山下さんはキキさんからこう告げられたという。

「私、今度結婚することになったの。相手は学者よ！」

「えぇーっ、学者？」と驚いた山下さんだが、会ってみたら「いっぺんで魅了された」。学者なんてどうせ型通りの面白みのない人物だろうと思っていたら、何とまあ型破りで人を惹きつける人物であることか、という意味だろう。

もうひと方、日高先生の本質に特に迫るエピソードを披露したのは、門川大作京都市長である。

門川氏は京都市の教育長を経て、市長になった方だが、かつての教育長時代の話である。京都市の青少年科学センターの所長をつとめてもらえないか、と先生にお願いにあがった。ところが当時先生は、総合地球環境学研究所の所長であり、公務員が複数の公務員職に就くことは禁じられている。

実は、私は先生が総合地球環境学研究所と青少年科学センターの所長を兼任されていたことは知っていたが、公務員の兼任の問題にまでは頭が回っていなかった。このとき初めてこの問題に気づかされたのである。

では、どうして兼任することができたのだろう。先生はこうおっしゃったのだという。

「ボランティアとしてなら、(兼任しても) いいんでしょ?」

ああ、これが日高敏隆!

何てかっこいいいんだろう。

あの忙しい日高先生が(しかも当時七〇歳を超えておられた)、月に一度、洛北の自宅から青少年科学センターがある、京都市の最南端の伏見まで通い、ボランティアとして子どもたちに科学の話をしておられたのだ。

学者として型破りなだけでなく、奉仕の仕事までもさりげなくやってのける……。

私が日高先生の名を知ったのは、まだ中学生の頃で、ムツゴロウさんこと、畑正憲さんの本を読んだときである。

先生はムツゴロウさんが所属する、東京大学理学部動物学科の研究室の先輩であり、「眠らない男、日高敏隆」として登場する。

昼間は出版社に勤め、夜、研究室に現れては昆虫生理学についての仕事をし、少しだけ仮眠をとってまた出版社に出かけるという毎日。

先生のお父様は当時肺結核で入院中で、先生に一家の生活がかかっていた。しかも自身も

肺結核を患っていたのである。先生曰く、

「あのとき、よく死ななかった」

その日高先生が、一九七五年の春、なぜか私と同時に京都に移住している。先生は京都大学理学部教授として東京から、私は京都大学理学部の学生として名古屋からだ。

そのときには、あの「眠らない男」の先生ね、という程度にしか認識していなかった。私は生物学志望だったが、動物行動学ではない分野に興味があり、大学院もまずは別の研究室に進んだのである。

しかし、初めに入った研究室に失望した私は、誰にでも門戸を開放している日高研究室のセミナーにお邪魔するようになっていた。そうこうするうち先生が、せっかく大学院生という立場にあるのだから、移籍をしてはどうかと提案して下さったのである。

後からわかったことには、移籍という前例はなく、そのために相当な反対意見があったという。先生は大変な苦労をされたようだが、そんなことを私に微塵も感じさせなかった。

日高研でまずは小型ほ乳類の超音波によるコミュニケーションについての研究をし、少しだけ成果を出した私だか、一方でまた人生に悩み始めていた。

そんなとき先生に連れて行ってもらったある居酒屋で、いったい科学の本質とはどういうことだろうかという議論になった。その際、先生からこんな衝撃の言葉が飛び出したのである。

「科学とはウソをつくことである」

ウソ？　どういうこと、何でウソをつくの？　疑問符だらけである。

しかし要するにこういうことだった。

「ウソ」と言ってももちろん、普通の意味とは違う。

科学の歴史においては、その時々において一番優れた、多くの人が納得する考えが主流となるわけだが、やがてそれを全面的に覆す考え、あるいは修正する考えが登場する。

そうすると、何だあれはウソだったんだ、ということになってしまう。だが、それまでは一番優れた考えだった。

そういうステップを経ることで科学というものは進歩してきている。つまり科学上の〝真実〟とは、その時点でつきうる最高レヴェルのウソというわけなのだ。

おおよそこういう考えだったと思う。

この話を聞いた私は、今にしてみると生意気極まりないのだが、こう言い放ってしまったのである。

「じゃあ、バレないウソならついてもいいんですね」

「そう、バレないウソならついてもよろしい」

こうして私は頭の中が一気に活性化し、体には翼が生えたかのような感覚を持つようになった。アイディアは過ちを恐れず、どんどん出していい。出して問題点が見つかれば棄却するだけのこと。「ウソ」がバレないのなら、それはそれで価値があるものなのだ。

こうして実にバカバカしい考えを次から次へと繰り出し、折りに触れては先生に聞いてもらうことになった。驚いたことに先生はどれ一つとして一笑にふすことはなかった。

これが私の、そのときには想像もしていなかった、文章を書くという道への第一歩だったように思う。

偶然が重なるもので、私がこんなふうにアィディアを出すことに夢中になっていた頃、ある出版社から先生のもとへ動物のコミュニケーションについての本を書いて下さいという依頼があった。

先生は超多忙なうえ、ちょうど私が研究自体よりもアイディアを出すことに重心を移していたこと（要は研究をさぼっていた）、テーマがコミュニケーションということでぴったりだと、私に執筆のご指名がかかったのである。

しかし長い文章を書いた経験がほとんどない私には、無謀と思えた。絶対に無理だと思った。

「先生、そんなこと無理です」

「無理かどうか、書いてみなくちゃわからないじゃないか」

「はあ、確かにそうですけど……」

そうして恐る恐る書き始めてみた。

下手だ。全然だめ。恥ずかしくて人に見せられない……。

でも、取り敢えず恥ずかしくないレヴェルにまで文章を直してみよう。そう思って作業を繰り返すうちに、少しだけ文章が光り始めた気がする。そうこうするうち文章が、何だか立体的な像にさえ見える瞬間があるではないか。

ああ、こういう世界が私は好きなのかもしれない。

こうしてただ好きという理由だけで私は文章を書く世界に突入してしまったのである。

「科学とはウソをつくことである」という言葉とその精神を支えにして。

私が本格的に文章を書く仕事を始めた一九八七年以降、先生と個人的にお会いする機会は、一～二年に一回くらい。ほとんどの場合、対談だった。

一九九五年から九六年にかけては数回に分けて対談をし、それは『もっとウソを！　男と女と科学の悦楽』というタイトルの本としてまとめられた（現在は文春ウェブ文庫として読むことができる）。

タイトルにある「ウソ」が、くだんの「ウソ」であることはもちろんである。

この対談の目的の一つは、先生の「科学とはウソをつくことである」という考えを広めること。そしてこの精神のもとに私が文章を書いているということだった。本当の科学とはどういうものかということが理解できず、私を「こういうものは科学ではない」などと批判している人々に対し、先生としての立場をはっきりと示すという意図もあった。

もっとも、それでも批判は収まらなかったのだが。

そんなふうにほぼ一定の間隔をあけて先生にお会いする機会が続いたのだが、二〇〇六年の秋のことである。

対談のために、総合地球環境学研究所を訪れた私は、初めて日高敏隆らしからぬ日高敏隆を見てしまったような気がした。

それまではお会いするたびに、確かに年は重ねておられる。でも、相変わらず日高先生は日高先生のままだなあ、と思い続けていたのである。

二〇〇七年五月には先生の喜寿のお祝いを兼ねて、久しぶりに弟子たちがほぼ勢ぞろいした。

私は前年に先生の様子を知っていたのであまり驚きはしなかったが、東京に移住していたNさんは「これは日高先生じゃない」と言った。声が震えていた。

その場にいた久しぶり組みの弟子たち全員が同じ思いであったと思う。

私たちは、いつまでたっても日高先生は日高先生のまま、先生がいる限り大船に乗った気持ちでいられる、という甘えた考えを捨てるべきときが来たようだ。

二〇〇八年一〇月、私はまたも対談のために先生宅にうかがったが、その頃の先生は体のあちこちを検査しており、スケジュール調整が大変だった。

まあまあ健康な先生にお会いできるのはこれが最後ではないか、と思った私は、その姿をまぶたに焼き付けることにした。その日は午後に私と対談、夜には地球研関係の人々が訪れたが、奥様のキキさんに勧められ、私は夜の部まで長居してしまった。これでよりしっかりとまぶたに焼き付けることができた。

このとき夕ご飯として御馳走になったのが、うな重。この本のタイトルにもなっている、エッセイ「犬のことば」に登場するうなぎ屋さんのうな重である。

実は大学院生の頃、私はお嬢さんの家庭教師として先生宅にしばらく通っていたのだが、当時はうなぎ屋の娘の子孫たちの全盛期で、十数匹ものネコがいた。初代の血をひき、美形ぞろいだった。

だが、このとき先生宅で飼われていたネコはたった一匹。しかも客人がいると家の中には入ってこないという極度の人見知りネコだった。

ネコが一匹しかいない日高先生宅……。

二〇〇九年になると、先生は入退院を繰り返されるようになった。しかし、あのまぶたに焼き付けた像を永久に保存したいという思いと、先生やキキさんの負担を考え、ただ祈ることにした。

それでも一〇月末、これが最後の機会かもしれないと、感謝の意をつづったファクスをご自宅に送った。後から知ったことには、キキさんが病室で読み上げ、先生はうなずかれたそうである。

そしてこれもまた後からキキさんに聞いて知ったことなのだが、亡くなる一年ほど前の検査で、肺だけは避けたのだという。

肺結核を患い、眠らない男と異名されながら、命がけで研究に取り組んだ若い日々。回復の後には東京農業工業大学の教官、京都大学の教授として弟子たちのために奔走。日本動物行動学会の設立。ちなみに先生は、あえて四番という皆が嫌がる会員番号を引き受け、一、二、三番は設立のために努力した弟子に譲った。

一九九一年には日本で初の国際動物行動学会を京都で催すために奔走。海外からの参加者の一部には先生がポケットマネーで旅費を工面した。

京都大学を退官すると、滋賀県立大学の創設のためにまたも奔走。初代学長となる。その後、総合地球環境学研究所の開設のためにまたまた奔走し、初代所長となった。

ボランティアで京都市青少年科学センターの所長をつとめたことは既に述べたが、最後の職となったのは、ご自宅のすぐそばにある京都精華大学の客員教授である。

もちろんその合間には文章を書き、翻訳により、コンラート・ローレンツ、ニコ・ティンバーゲン、デズモンド・モリス、リチャード・ドーキンスなどを日本に紹介した。講演、対談、インタビュー。テレビ、ラジオ出演……。

そんな目の回るような日々に先生の傍らにあったのは、タバコの「ハイライト」だった。晩年に何度も肺炎を患った先生は、さすがにお医者様からタバコを禁じられた。それでもタバコがないと文章が書けないと、ひどく不服そうにマイルドセブンの特別軽い銘柄を吸っておられた。

決して丈夫とは言えない体。特に肺に爆弾を抱えながら、私たち弟子を始めとし、数えきれないくらいの人たちのために尽くした人生。

きっと今頃は思う存分ハイライトを吸い、氷を浮かべたスコッチウィスキーのグラスをカランコロンと鳴らせておられるのでしょう。

大好きなネコたちに囲まれて。

二〇一二年六月

犬のことば（新版）

2012年7月20日　第1刷印刷
2012年7月31日　第1刷発行

著者——日高敏隆

発行人——清水一人
発行所——青土社
東京都千代田区神田神保町1-29　市瀬ビル　〒101-0051
電話　03-3291-9831（編集）、03-3294-7829（営業）
振替　00190-7-192955

本文印刷——ディグ
表紙印刷——方英社
製本——小泉製本

絵——後藤喜久子
装幀——戸田ツトム

ISBN978-4-7917-6663-5　Printed in Japan